SAMMLUNG GÖSCHEN BAND 274

DIE DAMPFTURBINEN

IHRE WIRKUNGSWEISE, BERECHNUNG UND KONSTRUKTION

von

PROF. CONST. ZIETEMANN
Diplom-Ingenieur

I

THEORIE DER DAMPFTURBINEN

Dritte, verbesserte Auflage

Mit 48 Abbildungen

WALTER DE GRUYTER & CO.
vormals G. J. Göschen'sche Verlagshandlung · J. Guttentag, Verlagsbuchhandlung · Georg Reimer · Karl J. Trübner · Veit & Comp.

BERLIN 1955

Archiv-Nr. 11 02 74
Druck: Kahmann-Druck, Berlin-Steglitz
Printed in Germany

Inhaltsverzeichnis

Erster Abschnitt

Die Eigenschaften des Wasserdampfes und der Ausfluß aus Mündungen

Seite

1. Die Wirkungsweise des Dampfes in Dampfturbinen 7
2. Allgemeine Eigenschaften der Dämpfe 7
3. Verdampfung, Beziehungen zwischen Druck und Temperatur 8
4. Die Grenzkurven, Kurven gleichen Dampfgehaltes 8
5. Das spez. Volumen 10
6. Wärmemengen zur Dampferzeugung 11
   a) Trocken gesättigter Dampf 11
   b) Feuchter Dampf 12
   c) Überhitzter Dampf 13
7. Die Vorteile des überhitzten Dampfes 14
8. Druck-Volumen-(pv)-Diagramm 15
   a) Darstellung der Zustandsänderungen 15
   b) Die Expansion des Dampfes 17
9. Die allgemeine Wärmegleichung 21
10. Wärme- oder Entropiediagramm 21
11. Zustandsänderungen im Entropiediagramm 25
12. Kreisprozeß, Arbeitsvermögen (Wärmegefälle) 27
13. Die Drosselung des Dampfes 30
14. Das is-(Mollier-)Diagramm 32
15. Zustandsänderungen im is-Diagramm 33
   a) Bei gleichbleibendem Druck 33
   b) Bei gleichbleibendem Volumen 34
   c) Adiabatische Zustandsänderung 34
   d) Polytropische Zustandsänderung 36
   e) Kurven gleichen Dampfgehaltes 36
   f) Drosselung 36
16. Ausströmen von Dämpfen ohne Verluste 37
   a) Energieumsetzung in der Mündung 37
   b) Ausflußgeschwindigkeit 38
   c) Sekundliche Ausflußmenge 40
   d) Verhalten des Dampfes im Strahl 40
   e) Erweiterte Mündung 44
17. Wirklicher Ausfluß 45
   a) Strömungsverluste 45
   b) Darstellung der Strömungsverluste 47
18. Die Ermittlung der Querschnitte 51
   a) Die Düse von de Laval 51
   b) Die Form des Längsschnittes der Düse 52
   c) Leitkanäle 54

Zweiter Abschnitt

Ausnutzung der Energie des Dampfes, Leistung, Turbinenarten

A. Umsetzung der kinetischen Energie — Seite

1. Der Arbeitsvorgang ... 55
   a) Gleichdruck- und Überdruckturbinen ... 56
   b) Axial- und Radialturbinen ... 57
   c) Gegenlaufturbinen ... 57
2. Gleichdruckturbinen ... 57
   a) Energieabgabe an das Laufrad und Leistung ... 57
   b) Leistung ohne Verluste ... 60
   c) Berücksichtigung der Verluste ... 61
3. Überdruckturbinen ... 64
   a) Energie-Umsetzung und Leistung ... 64
   b) Wirkungsgrad ... 67
4. Radialturbinen ... 68
5. Gegenlaufturbinen ... 69
6. Beziehungen zwischen η_u, u, c_1, D und n ... 69

B. Mittel zur Verminderung der Umfangsgeschwindigkeit

1. Bei Gleichdruckturbinen ... 70
   a) Einstufige Turbinen
      α) Eine reine Druckstufe ... 70
      β) Geschwindigkeitsabstufung ... 71
   b) Mehrstufige Turbinen
      α) Reine Druckstufung ... 74
      β) Druck- und Geschwindigkeitsabstufung ... 76
2. Bei Überdruckturbinen ... 77
3. Kombinierte Gleichdruck-Überdruckturbinen ... 78
4. Vergleich zwischen Gleichdruck- und Überdruckturbinen ... 79
5. Die Einteilung der Dampfturbinen ... 81

Dritter Abschnitt

Verluste, Leistung, Wirkungsgrade

A. Verluste

1. Übersicht der auftretenden Verluste ... 83
2. Düsenverluste ... 84
3. Schaufelverlust ... 85
4. Austrittsverlust ... 88
5. Radreibungs- und Ventilationsverlust ... 90
6. Lässigkeits-(Undichtsheits-)Verluste ... 93
   a) Spaltverluste ... 93
   b) Labyrinthverluste ... 96
7. Verluste durch Leerlaufsarbeit ... 100
8. Verluste durch Wärmestrahlung und -leitung ... 102
9. Zusammenfassung der Verluste ... 102

B. Leistung Seite

1. Theoretische Leistung 104
2. Leistung am Radumfang 105
3. Innere (indizierte) Leistung 106
4. Nutzleistung 108

C. Wirkungsgrade

1. Thermischer Wirkungsgrad 109
2. Wirkungsgrad am Radumfang 111
3. Innerer (indizierter) Wirkungsgrad 113
4. Mechanischer Wirkungsgrad 115
5. Effektiver (Nutz-)Wirkungsgrad 116
6. Qualitätsziffer (Parsonssche Kennzahl) 118
7. Wirtschaftlicher (Brennstoff-)Wirkungsgrad 119
8. Vergleich der Turbinensysteme in bezug auf die Wirkungsgrade 119

Vierter Abschnitt

Dampf-, Wärme- und Kohleverbrauch
Verhalten der Dampfturbinen. Vergleich

I. Dampfverbrauch 121
   1. Theoretischer Dampfverbrauch 121
   2. Innerer (indizierter) Dampfverbrauch 122
   3. Effektiver Dampfverbrauch 122

II. Wärme- und Kohleverbrauch 126

III. Allgemeines Verhalten der Dampfturbinen unter veränderten Betriebsverhältnissen 129

IV. Zahlentafeln 132
   1. Wärmeinhalt (Enthalpie) 132
   2. Spezifische Volumina von überhitztem Dampf 132
   3. Mittlere spezifische Wärmen des überhitzten Dampfes 134

Schrifttum 137

Sachregister 138

Angewendete Bezeichnungen

$A = 1/427$	mechan. Wärmeäquivalent.
b	Beschleunigung.
$c, c\ , c_1, c_2$	absol. Dampfgeschwindigkeit in m/s.
c_k	kritische (Schall-)Geschwindigkeit in m/s.
c_p	spez. Wärme bei konstantem Druck.
c_v	spez. Wärme bei konstantem Volumen.
D_{th}, D_i, D_e	theoret., inner., effektiv. Dampfverbrauch in kg/PS/h.
F_{min}, F_1	engster bzw. Endquerschnitt der Leitvorricht.

G_{st}, G_{sek}	ständl. bzw. sekundl. Dampfmenge in kg.
h_t	verfügbares Wärmegefälle kcal/kg.
h_u, h_i	Wärmewert der Umfangs- bzw. inner. Leistung in kcal/kg.
h_d, h_s, h_a	Düsen-, Schaufel-, Austrittsverlust kcal/kg.
h_r, h_{sp}, h_l, h_{st}	Radreibungs-, Spalt-, Leerlaufs-, Stopfbüchsenverluste kcal/kg.
i'	Flüssigkeitswärme kcal/kg.
i''	Wärmeinhalt des trock. ges. Dampfes kcal/kg.
i	beliebiger Wärmeinhalt kcal/kg.
i_a	Wärmeinhalt nach adiabat. Expansion kcal/kg.
L	Arbeitsvermögen in mkg/s.
L_u, L_i	Umfangs- bzw. innere Leistung mkg/s.
N, N_i, N_e	theor., innere, effekt. Leistung in PS.
n	Exponent der Polytrope; Umlaufszahl in der Min.
P, P_0	Anfangs- bzw. Enddruck in kg/m².
p, p_0	Anfangs- bzw. Enddruck in kg/cm²(at.).
p_k	kritischer Druck.
Q	zu- oder abgeführte Wärme; Wärmeverbrauch.
R	Gaskonstante.
r	Verdampfungswärme ($= i'' - i'$) kcal/kg.
s	Entropie.
s', s''	Entropie des Wassers bei t_s bzw. des trock. Dampfes.
t, T	Temperatur in ° C bzw. absol. Temperatur $= 273 + t$.
t_s, T_s.	Siedetemperatur in ° C bzw. absolute.
u	Umfangsgeschwindigkeit m/s.
v	spez. Volumen m³/kg.
v', v''	spez. Volumen des Wassers von Siedetemp. bzw. des trock. Dampfes.
w_1, w_2	relative Dampfgeschwindigkeit m/s.
w_1', w_2'	Umfangskomponente der rel. Dampfgeschw.
x, y	Dampf- bzw. Flüssigkeitsgehalt in 1 kg.
α_1, α_2	Winkel der absoluten Dampfgeschwindigkeit.
β_1, β_2	Winkel der relativen Dampfgeschwindigkeit.
$\gamma = \frac{1}{v}$	spez. Gewicht (Wichte) kg/m³.
ζ	Verlustkoeffizient.
φ, ψ	Geschwindigkeitskoeffizienten.
ϱ	innere Verdampfungswärme kcal/kg.
ψ	äußere Verdampfungswärme kcal/kg.
η_{th}, η_u, η_i, η_m, η_e, η_k	Wirkungsgrade.

Erster Abschnitt

Die Eigenschaften des Wasserdampfes und der Ausfluß aus Mündungen

1. Die Wirkungsweise des Dampfes in der Dampfturbine ist eine wesentlich andere als in der Kolbendampfmaschine. In letzterer leistet der Dampfdruck durch Bewegen des Kolbens — Kraft mal Weg — Arbeit, ähnlich einem sinkenden Gewicht, der Dampfdruck nimmt durch die Expansion bis auf den Enddruck ab. Es wird also die potentielle Energie des Dampfes ausgenutzt. Im Gegensatz hierzu wird in der Dampfturbine der Dampfdruck in einer besonderen Leitvorrichtung erst in Strömungsgeschwindigkeit verwandelt, also die potentielle Energie durch Expansion in kinetische Energie — Bewegungsenergie — umgesetzt, so daß der entspannte Dampf als Strahl mit hoher Geschwindigkeit aus der Leitvorrichtung tritt und in die Schaufeln des Laufrades geleitet wird, wo er seine lebendige Kraft durch die Umlenkung des Strahles an das Laufrad überträgt, ähnlich wie eine in Bewegung befindliche Masse, in eine gekrümmte Bahn gezwungen, einen Bahndruck ausübt und bei beweglicher Bahn (Laufradschaufel) derselben eine Geschwindigkeit erteilt, d. h. die lebendige Kraft abgibt.

Die Beurteilung der Vorgänge im Strahl, die Berechnung der Geschwindigkeiten und der erforderlichen Querschnitte bedingt eine genauere Kenntnis des jeweiligen Dampfzustandes und der Eigenschaften des Dampfes, deshalb sei zunächst auf diese näher eingegangen.

2. Allgemeine Eigenschaften der Dämpfe. Jede Flüssigkeit kann durch Wärmezufuhr in den dampfförmigen Zustand übergeführt werden. Die Temperatur, bei welcher die

Verdampfung beginnt – die Siedetemperatur –, ist wesentlich von dem Druck, unter dem die Flüssigkeit steht, abhängig, sie ist „eine Funktion" des Druckes. Trägt man die Siedetemperaturen t_s als Abszissen und darüber die zugehörigen absoluten Drücke p als Ordinaten auf, so erhält man die gegenseitige Abhängigkeit in Form einer Kurve – die Spannungskurve pt, die Abb. 2 für Wasserdampf zeigt.

3. Die Verdampfung und die Beziehungen zwischen dem Druck p in kg/cm², der Temperatur t in °C und dem Volumen von 1 kg Dampf in m³/kg kann man durch Versuche beobachten. Wird 1 kg Wasser von 0° C, das unter einem konstant zu haltendem Druck p steht, erwärmt, so steigt die Temperatur t des Wassers bei mäßigen Drücken bei fast unveränderlichem Volumen v' ($= 1\,l = 0{,}001$ m³) bis auf die dem Druck p entsprechende Siedetemperatur t_s, und alsdann beginnt die Verdampfung ,wobei das Volumen zunimmt, die Temperatur aber während des ganzen Verdampfungsvorganges (bei $p =$ konst.) unverändert gleich der Siedetemperatur bleibt; da nur ein Teil dampfförmig ist, der andere Teil noch flüssig, so nennt man den Dampf feucht. Ist alles Wasser verdampft, so ist der Dampf trocken gesättigt, und 1 kg hat ein Volumen v''. Führt man nun noch mehr Wärme zu, so steigen bei gleichbleibendem Druck Temperatur und Volumen, der Dampf ist überhitzt und verhält sich bei zunehmender Überhitzung ähnlich den vollkommenen Gasen. Überhitzter Dampf ist demnach daran zu erkennen, daß die Temperatur höher ist als die Siedetemperatur t_s.

4. Grenzkurven. Führt man obigen Versuch für verschiedene Drücke durch und trägt die beobachteten Volumina des flüssigen Wassers von Siedetemperatur, also v' (fast unveränderlich) bzw. v'' des trock. gesätt. Dampfes in einem Diagramm als Abszissen zu den zugehörigen Drücken p als Ordinaten auf und verbindet die Punkte der v' bzw. v'', so erhält man aus den v'-Werten die Flüssigkeitskurve, auch linke oder

untere Grenzkurve genannt, bzw. aus den v''-Werten die rechte oder obere Grenzkurve. Links von der unteren Grenzkurve ist das Flüssigkeitsgebiet, zwischen den Grenzkurven das Sättigungs- oder Verdampfungsgebiet und rechts der oberen Grenzkurve das Überhitzungsgebiet (Abb. 1).

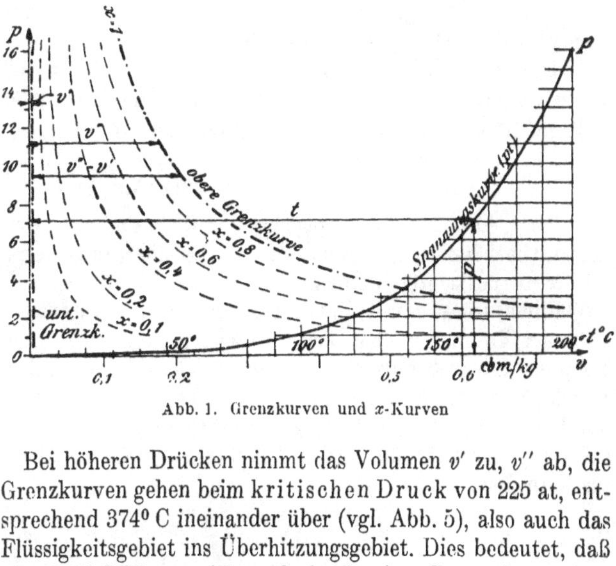

Abb. 1. Grenzkurven und x-Kurven

Bei höheren Drücken nimmt das Volumen v' zu, v'' ab, die Grenzkurven gehen beim kritischen Druck von 225 at, entsprechend 374° C ineinander über (vgl. Abb. 5), also auch das Flüssigkeitsgebiet ins Überhitzungsgebiet. Dies bedeutet, daß über 374° C Wasser nicht mehr im flüssigen Zustande, sondern nur dampfförmig möglich ist.

Im Sättigungsgebiet sind die Linien gleichen Druckes auch Linien gleicher Temperatur. Um den Zustand im Sättigungsgebiet zu kennzeichnen, genügt also die Angabe des Druckes oder der Temperatur nicht, es muß vielmehr noch angegeben werden, wie groß der noch flüssige oder der bereits verdampfte Teil ist. Bezeichnet y den flüssigen Teil von 1 kg, Feuchtigkeitsgehalt genannt, und x den dampfförmigen Teil — den Dampfgehalt oder die spezifische Dampfmenge, so ist $y + x = 1$.

Auf der linken Grenzkurve ist $y = 1$, $x = 0$, auf der rechten $y = 0$, $x = 1$, auf der halben Strecke zwischen den Grenzkurven ist $y = 0{,}5$ und $x = 0{,}5$. Teilt man die Strecken für verschiedene Drücke in eine gleiche Anzahl Teile und verbindet die Punkte mit den gleichen x-Werten, so erhält man die Kurven gleichen Dampfgehalts (Abb. 1).

5. Das spez. Volumen v im Sättigungsgebiet ist kleiner als v'' und gleich der Summe des Volumens des noch flüssigen Teils yv' und des Volumens des dampfförmigen xv''

$$(1) \quad \begin{cases} v = yv' + xv'' \text{ oder da } y = 1 - x\,, \\ v = (1 - x)v' + xv'' = v' + x(v'' - v')\,. \end{cases}$$

v' ist bei niedrigen Drücken gegenüber v'' klein und wird vielfach vernachlässigt, so daß $v = xv''$ ist; bei höheren Drücken muß v' berücksichtigt werden.

Während trock. gesätt. Dampf für jeden Druck ein ganz bestimmtes Volumen v'' hat, kann überhitzter Dampf jedes Volumen, das größer als v'' ist, haben. Die Beziehung zwischen Druck, Temperatur und Volumen von überhitzt. Dampf ist durch eine der für Gase gültigen ähnliche Zustandsgleichung ausgedrückt, die nach R. Linde für Drücke bis 20 ata die Form hat:

$$(2) \qquad P \cdot (v + 0{,}016) = 47{,}1\ T,$$

oder

$$(3) \qquad v = \frac{47{,}1 \cdot T}{P} - 0{,}016,$$

worin P der abs. Druck in kg/m² (also $P = 10000\,p$) und T die absolute Temperatur ($T = t + 273$).

Für höhere Drücke wird Gl. (3) zu ungenau, es gilt nach Mollier die Beziehung

$$(2a) \qquad P(v + B) = R \cdot T \text{ oder } Pv = 47{,}1\ T - BP,$$

worin B von der Temperatur abhängige Werte hat, die mit steigender Temperatur abnehmen.

In Zahlentafel 2 im Anhang sind die neuesten Werte der Volumina des überhitzten Dampfes für verschiedene Drücke und Temperaturen enthalten.

6. Wärmemengen zur Dampferzeugung

a) Trocken gesättigter Dampf. Die zur Erwärmung von 1 kg Wasser von 0° auf die Siedetemperatur t_s erforderliche Wärme — die Flüssigkeitswärme — i' (oder q, wie vielfach bezeichnet)[1]) in Wärmeeinheiten (Kilocalorie, kcal bezeichnet) ist bei niedrigen Drücken fast gleich der Anzahl Celsiusgrade der Siedetemperatur, da die spezifische Wärme c des Wassers, d. h. die zur Erwärmung von 1 kg Wasser um 1° erforderliche Wärme, im Mittel fast gleich 1 kcal ist.

Zur Verwandlung des 1 kg Wasser von Siedetemperatur in trockenen Dampf von derselben Temperatur ist eine weitere bedeutende Wärmemenge — die Verdampfungswärme r — aufzuwenden, die also keine Temperaturerhöhung bewirkt, sondern teils dazu dient, den molekularen Zusammenhang der Teilchen zu lösen — innere Verdampfungswärme ϱ —, zum anderen Teil zur Raumänderungsarbeit bei der Volumvergrößerung — äußere Verdampfungswärme $\psi = AP(v'' - v')$, so daß

$$r = \varrho + \psi. \tag{4}$$

Die ganze zur Bildung von trocken gesätt. Dampf aus Wasser von 0° erforderliche Wärme — die Gesamt- oder Dampfwärme oder Wärmeinhalt i''[1]) des trock. gesätt. Dampfes ist demnach

[1]) i' bzw. i'' ist eigentlich der „Wärmeinhalt", der um den geringen Betrag der Wärme für die Raumänderungsarbeit der Flüssigkeit größer ist als die Flüssigkeits- bzw. Dampfwärme, der Unterschied ist jedoch gering.

(5) $$i'' = i' + r = i' + \varrho + \psi,$$

oder

$$r = i'' - i' \text{ kcal/kg}.$$

Die Summe der Flüssigkeitswärme und der inneren Verdampfungswärme nennt man die Energie u des Dampfes

(5a) $$u = i' + \varrho \text{ kcal/kg}.$$

Abb. 2 zeigt die einzelnen Wärmemengen in Abhängigkeit von den Siedetemperaturen bzw. den entsprechenden Drücken. Diese Werte können auch den Dampftabellen entnommen werden.

Wie aus Abb. 2 ersichtlich, nimmt der Wärmeinhalt i'' anfangs, bis etwa $t_s = 220^0$ ($p = \sim 28$ ata), zu, dann wieder ab und wird im kritischen Punkt K (S. 24) $i'' = i'$. Im Gebiet niederer Drücke ist ψ ein geringer Prozentsatz von r, also die zur Lösung des molekularen Zusammenhangs erforderliche innere Verdampfungswärme ϱ groß. ψ ist über einen großen Bereich ungefähr 10 v.H. von r. Die Verdampfungswärme r nimmt ständig ab und ist im kritischen Punkt $= 0$ (vgl. Abb. 5).

Ist die Temperatur des verwendeten Wassers — Speisewasser — nicht 0^0, sondern t_w^0 und der Wärmeinhalt desselben i_w, so ist nur die „Erzeugungswärme" λ aufzuwenden:

(6) $$\lambda = i'' - i_w \cong i'' - t_w \text{ kcal/kg},$$

da bei niedrigen Drücken für je 1^0 fast genau 1 kcal angenommen werden kann.

b) Feuchter Dampf braucht nur einen dem Dampfgehalt x entsprechenden Teil der Verdampfungswärme r, so daß die Dampfwärme i des feuchten Dampfes

(7) $$i = i' + xr \text{ ist, oder } i = i' + x\varrho + x\psi$$

und die Erzeugungswärme bei t_w^0 Speisewassertemperatur

(8) $$\lambda = i' + xr - t_w \text{ kcal/kg}.$$

Die Wärmemengen des feuchten Dampfes sind um den Betrag der Verdampfungswärme des noch nicht verdampften Teiles kleiner, als diejenige des trocken gesätt. Dampfes.

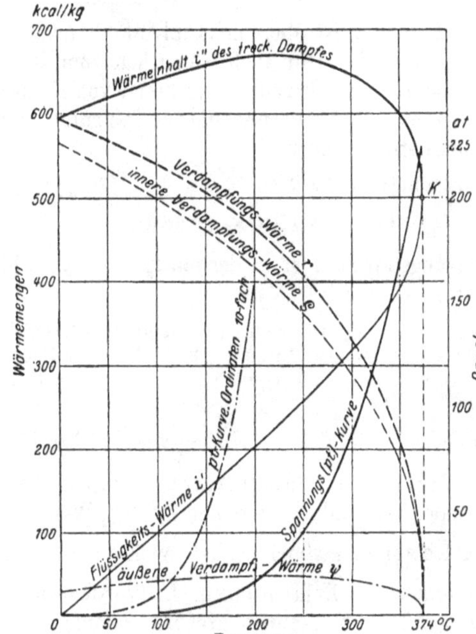

Abb. 2. Wärmemengen in Abhängigkeit von der Temperatur

Beispiel. Erzeugungswärme von 1 kg Dampf von 10 ata mit 10^0 v. H. Feuchtigkeit (also $x = 0{,}9$) aus Wasser von 25^0. Nach den Tabellen (S. 132) ist $i' = 181{,}2$ kcal, $r = 481{,}8$ kcal, demnach

$$\lambda = 181{,}2 + 0{,}9 \cdot 481{,}8 - 25 = 589{,}8 \text{ kcal/kg}.$$

c) Überhitzter Dampf enthält außer der Wärme des trocken gesätt. Dampfes noch die Überhitzungswärme. Da die Überhitzung bei konst. Druck erfolgt, so ist für je 1 kg und 1^0 die spez. Wärme c_p erforderlich, also für die Überhitzung von der Siedetemperatur t_s auf die Überh.-Temp. t die Überhitzungswärme

$$i_{ü} = c_p(t - t_s) \text{ kcal/kg}.$$

Die spez. Wärme c_p ist aber nicht unveränderlich, sondern außer von der Temperatur auch wesentlich vom Druck abhängig, so daß in obige Gleichung Mittelwerte von c_{pm} zwischen t und t_s eingesetzt werden müssen, die aus Zahlentafel 3, S. 134 entnommen werden können.

Damit ist die Gesamtwärme

$$i = i'' + c_{pm}(t - t_s) \text{ kcal/kg}. \tag{9}$$

Die Erzeugungswärme λ ist wieder um t_w bzw. i_w kcal/kg geringer.

Beispiel. Erzeugungswärme für 1 kg Dampf von 12 at abs. 300° bei 55° Speisewassertemperatur. Für 12 at ist nach Zahlentafel 1, S. 132 $i'' = 664{,}7$ kcal und $t_s = 187{,}1°$; nach Tafel 3 ist $c_{pm} = 0{,}557$ und

$$\lambda = 665{,}9 + 0{,}557\,(300 - 187{,}1) - 55 = 673{,}8 \text{ kcal/kg}.$$

7. Die Vorteile des überhitzten Dampfes haben zu überwiegender Verwendung desselben geführt. Wegen der mit steigender Überhitzung abnehmenden Wichte $\gamma = \frac{1}{v}$ sind die Reibungsverluste in Rohrleitungen, Leitvorrichtungen und Schaufeln geringer. Es können größere Dampfgeschwindigkeiten (nötigenfalls bis ~ 90 m/s) zugelassen, also engere Rohre verwendet werden; wegen des größeren Wärmeinhalts ist das Wärmegefälle größer, es sind für gleiche Leistung kleinere Dampfmengen, also kleinere Kessel nötig. Sehr wichtig ist auch die ganz wesentlich geringere Wärmeabgabe des überhitzten Dampfes an die Wandungen gegenüber gesättigtem Dampf (etwa $^1/_{100}$), also geringere Wärmeverluste. Mit zunehmender Überhitzung steigt auch die Wirtschaftlichkeit (vgl. S. 130).

8. Druck-Volumen-(pv-)Diagramm

a) Darstellung der Zustandsänderungen. Die Ordinaten sind die Drücke p in ata, die Abszissen die zugehörigen spez. Volumina in m³/kg.

α) Bei gleichbleibendem Druck ist die Kurve der Zustandsänderung (Kurve gleichen Druckes — Isobare) eine waagerechte Gerade. Im Sattdampfgebiet ist auch die Temperatur t_s unveränderlich und fällt mit der entsprechenden Druckkurve zusammen. Ist der Anfangszustand 1 durch p, x_1 gegeben (Abbildung 3), so ist die zur Erreichung des Zustandes 2 mit x_2 erforderliche Wärmemenge Q

$$(10) \quad Q = i_2 - i_1 = i' + x_2 r - i' - x_1 r = (x_2 - x_1) r.$$

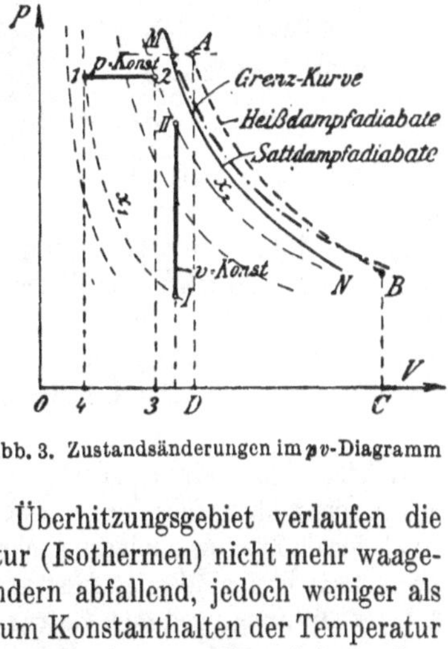

Abb. 3. Zustandsänderungen im pv-Diagramm

Bei Wärmezufuhr wird das Volumen größer, der Dampf trockener und schließlich überhitzt. Im Überhitzungsgebiet verlaufen die Kurven gleicher Temperatur (Isothermen) nicht mehr waagerecht wie die Drücke, sondern abfallend, jedoch weniger als die adiatate (s. u. γ), da zum Konstanthalten der Temperatur Wärme zugeführt werden muß, also v größer wird als ohne Wärmezufuhr. Im Überhitzungsgebiet ist die Isotherme von geringer Bedeutung. Für hochüberhitzten Dampf ist die Gleichung der Isotherme $pv =$ konst. (gleichseitige Hyperbel).

β) Bei gleichbleibendem Volumen (Isochore) (z. B. im geschlossenen Gefäß) ist die Zustandsänderung eine senkrechte Gerade, z. B. I II in Abb. 3. Bei Wärmezufuhr wird der

Druck und auch der Dampfgehalt erhöht. Umgekehrt fällt der Druck, x wird kleiner. Ist der Anfangszustand I durch p_1, x_1 gegeben, so ist die zur Erreichung eines Zustandes II mit p_2, x_2 erforderliche Wärmemenge Q, wenn u_1 bzw. u_2 die inneren Energien in I bzw. II (vgl. Gl. 19a und Gl. 5a)

$$Q = u_2 - u_1 = u_2' + x_2 \varrho_2 - (u_1' + x_1 \varrho_1) \text{ kcal/kg},$$

u_2', r_2 bzw. u_1, r_1 sind aus den Dampftabellen zu entnehmen. Der zunächst noch unbekannte Wert von x_2 kann aus der Beziehung $v_1 = v_2 =$ konst. ermittelt werden, da

$$v_1 = v_1' + x_1 (v_1'' - v_1') = v_2' + x_2' (v_2'' - v_2') = v_2,$$

woraus mit $v_1' \cong v_2' \cong v'$

$$x_2 = x_1 \frac{v_1'' - v'}{v_2'' - v'}. \tag{11}$$

Bei Wärmeentziehung umgekehrt, es ist 1 und 2 zu vertauschen.

Im Überhitz.-Gebiet steigt mit Druckerhöhung die Überhitzung und umgekehrt. Die Wärmemengen bei $v =$ konst. für eine bestimmte Druck- oder Temperaturänderung können im pv-Diagramm nur durch Rechnung ermittelt werden. Will man die Wärmemenge ablesen, so bedient man sich dazu des Wärmediagramms, s. S. 21.

γ) Die adiabatische Zustandsänderung, d. h. ohne Wärmezu- und -abfuhr, ohne Reibungs- und dergl. Verluste ist als ideale Zustandsänderung sehr wichtig. Die Kurve dieser Zustandsänderung, die „Adiabate", verläuft als Hyperbel höherer Ordnung nach dem Gesetz

$$pv^k = \text{konst. oder } p_1 v_1^k = p_2 v_2^k,$$

worin der Exponent

$k = 1{,}3$ für überhitzten Dampf („Heißdampfadiabate"),
$k = 1{,}135$ für anfangs trocken gesätt. Dampf,
$k = 1{,}035 + 0{,}1\,x$ für Dampf vom Dampfgehalt x (bis $x = 0{,}7$ herab und $p_1/p_2 = 20$ gültig).

Die Adiabate verläuft steiler als die Grenzkurve, anfangs feuchter oder trocken gesätt. Dampf wird bei Druckabnahme also feuchter, anfangs überhitzter Dampf bleibt nur bei genügend hoher Überhitzung überhitzt, anderenfalls überschneidet die Adiabate die Grenzkurve — der Dampf wird feucht. Abb. 3 zeigt den gegenseitigen Verlauf der Grenzkurve und der Adiabaten, z. B. AB-„Heißdampf"-, MN-„Sattdampf"-Adiabate.

δ) Die polytropische Zustandsänderung ist die praktisch erreichbare, bei der Wärme- und Reibungsverluste auftreten. Der Verlauf kann ebenfalls als Hyperbel angenommen werden, jedoch ist der Exponent nicht k, sondern ein Wert n, der davon abhängt, wieviel von der Wärme in Arbeit umgesetzt wird und wieviel als innere Energie im Dampf bleibt.

Das Gesetz der Hyperbel ist dann

$$p_1 v_1^n = p_2 v_2^n = p v^n = \text{konst.} \tag{13}$$

n ist kleiner als k, die Polytrope verläuft flacher als die Adiabate.

Die Polytrope ist die allgemeine Form der Zustandsänderungen und umfaßt alle vorerwähnten Zustandsänderungen, wobei der Exponent n die verschiedensten Werte hat. So ist bei

$n = 1$ $pv = \text{konst.}$ also eine Isotherme,
$n = k$ $pv^k = \text{konst.}$ also eine Adiabate,
$n = 0$ $pv^0 = p = \text{konst.}$ also eine Isobare,
$n = \infty$ $p^{1/n} \cdot v = \text{konst.} = p^0 v = v = \text{konst.}$ also eine Isochore,

alle anderen Werte von n sind Polytropen.

b) Die Expansion oder Ausdehnung des Dampfes infolge einer der vorerwähnten Zustandsänderungen ist mit Volumensvergrößerung (die bei $v = \text{konst.}$ Null ist) und Druckverminderung (die bei $p = \text{konst.}$ Null ist) verbunden. Da jede Volumensvergrößerung eine Raumänderungsarbeit leistet, so kann diese Arbeit der Expansion des Dampfes verwertet werden. Es kann also aus obigen Zustandsänderungen Arbeit gewonnen werden (mit Ausnahme von $v =$ konst.). Ist die Kraft P kg/m², die Fläche, auf die sie wirkt (z. B. Kolbenfläche) F m², so ist die ganze Kraft $P \cdot F$ kg; legt diese den Weg ds zurück, dann ist die Arbeit dL:

$$dL = P \cdot F \cdot ds,$$

oder da $F \cdot ds$ die Volumensänderung $= dV$,

(14) $$dL = PdV, \quad L = \int PdV \text{ mkg},$$

wenn V das Volumen in Kubikmeter einer beliebigen Menge (v — von 1 kg). Ist das Gesetz der Abhängigkeit von P und V bekannt, so kann die Arbeit errechnet werden. Da die Arbeit als Produkt von Druck und Volumen erscheint, so ergibt sich

α) die Darstellung der Arbeit im pv-Diagramm als Fläche unter der Zustandsänderungslinie z. B. Abb. 3, Fläche $ABCD$ unterhalb AB.

Bei $p =$ konst. ist die Fläche 1 2 3 4 ein Rechteck, so daß $L = P(v_2 - v_1)$ mkg, oder mit v_1 und v_2 nach Gleichung (1)

$$\begin{aligned} L &= P[v' + x_2(v'' - v) - v' - x_1(v'' - v')] \\ &= P \cdot v''(x_2 - x_1). \end{aligned}$$

Läge Punkt 2 im Überhitzungsgebiet, so wäre v_2 nach Gl. (3) (S. 10) zu bestimmen.

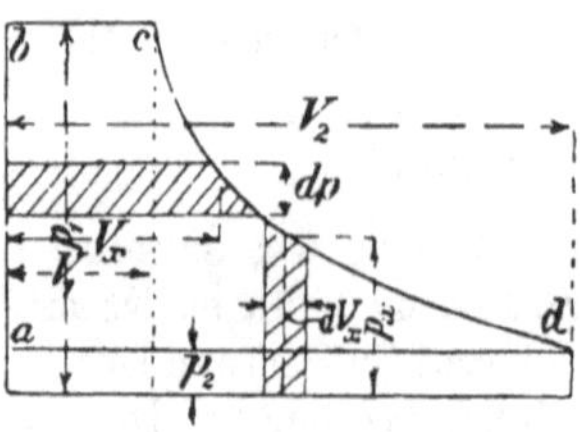

Abb. 4. Ermittlung der Arbeit

Bei adiabatischer Expansion vom Druck p_1 auf p_2 (Abb. 4) ist die Arbeit die Fläche unterhalb der Adiabate cd bis zur Abszissenachse und kann als Summe einzelner kleiner Trapeze von der Breite dV_x, also als Flächenintegral

$$L = \int_{v_1}^{v_2} P_x \, dV_x ,$$

ermittelt werden. Da

$$P_x V_x^k = \text{konst.} = C \quad \text{oder} \quad P_x = \frac{C}{V_x^k} = C V_x^{-k} ,$$

so wird

$$L = \int_{v_1}^{v_2} C V_x^{-k} \, dV_x = \left[\frac{C V_2^{-k+1}}{1-k} - \frac{C V_1^{-k+1}}{1-k} \right]$$

$$= \frac{1}{1-k} \left[C V_2^{1-k} - C V_1^{1-k} \right] ,$$

oder da $C = P V_1^k = P_2 V_2^k$,

$$L = \frac{1}{1-k} \left[P_2 V_2 - P_1 V_1 \right] = \frac{1}{k-1} \left(P_1 V_1 - P_2 V_2 \right)$$

und für 1 kg

$$(15) \qquad L = \frac{1}{k-1} \left(P_1 v_1 - P_2 v_2 \right) \text{ mkg/kg} .$$

Ist nur der Anfangszustand p_1, v_1 und der Enddruck p_2 gegeben, nicht auch v_2, so läßt sich die Gl. (15) umformen:

$$L = \frac{P_1 v_1}{k-1} \left[1 - \frac{P_2 v_2}{P_1 v_1} \right] , \text{ oder da } v_2 = \frac{P_1^{\frac{1}{k}} \cdot v_1}{P_2^{\frac{1}{k}}} ,$$

$$(16) \qquad \begin{cases} L = \dfrac{P_1 v_1}{k-1} \left[1 - \left(\dfrac{P_1}{P_1} \right)^{\frac{k-1}{k}} \right] \\[2ex] \quad = \dfrac{P_1 v_1}{k-1} \left[1 - \left(\dfrac{p_2}{p_1} \right)^{\frac{k-1}{k}} \right] . \end{cases}$$

Für p o l y t r o p i s c h e E x p a n s i o n gelten dieselben Gleichungen, jedoch mit dem Exponenten n statt k.

β) Das theoretische Arbeitsvermögen von 1 kg Dampf bei Expansion vom Druck p_1 auf p_2, d. h. die gewinnbare Arbeit bei einem Kreisprozeß, wie er in Dampfkraftmaschinen durchgeführt wird, setzt sich zusammen aus der Gleichdruck-(Füllungs-)arbeit bc $(= P_1 v_1)$ (Abb. 4), Expansionsarbeit cd $(= \int P dv)$ und der negativen Ausschubarbeit da $(= P_2 v_2)$, stets als Fläche bis zur Abszissenachse. Das Arbeitsvermögen L ist somit durch die Fläche $abcd$ gegeben:

$$L = \text{Fläche } abcd = \int P dv + P_1 v_1 - P_2 v_2$$

oder, wenn die Summe der waagerechten Flächenstreifen gebildet wird:

$$L = \text{Fläche } abcd = \int_{p_2}^{p_1} v_x dP \text{ mgk/kg.} \tag{17}$$

Da nun wieder $P v_x^k = \text{konst.} = C$, so ist für $k > 1$

$$C^{\frac{1}{k}} = v_x P^{\frac{1}{k}} \quad \text{und} \quad v = C^{\frac{1}{k}} : P^{\frac{1}{k}},$$

folglich

$$L = \int_{p_2}^{p_1} C^{\frac{1}{k}} P^{-\frac{1}{k}} dP = \frac{k}{k-1} \left[P^{\frac{k-1}{k}} C^{\frac{1}{k}} - P_2^{\frac{k-1}{k}} C^{\frac{1}{k}} \right].$$

oder da

$$v_1 P_1^{\frac{1}{k}} = C^{\frac{1}{k}} = v_2 P_2^{\frac{1}{k}},$$

$$L = \frac{k}{k-1} [P_1 v_1 - P_2 v_2]$$

oder nach gleicher Umformung wie S. 19.

$$L = \frac{k}{k-1} P_1 v_1 \left[1 - \left(\frac{p_2}{p_1} \right)^{\frac{k-1}{k}} \right] \text{ mkg/kg.} \tag{18}$$

Das Arbeitsvermögen ist folglich k mal größer als die Expansionsarbeit allein.

Für polytropische Expansionen ist wieder statt k überall n zu setzen.

Beispiel. Das Arbeitsvermögen von 1 kg Dampf bei Expansion von $p_1 = 12$ ata trocken gesätt. auf $p_2 = 1$ ata ist mit $v_1 = v''$ $= 0{,}1664\ m^3/kg$ aus den Dampftabellen und $k = 1{,}135$

$$L = \frac{1{,}135}{0{,}135} \cdot 120000 \cdot 0{,}1664 \cdot \left[1 - \left(\frac{1}{12}\right)^{\frac{0{,}135}{1{,}135}}\right] = 41200 \text{ mkg/kg}.$$

Wäre der Dampf überhitzt mit $t_1 = 300^0\,C$, wobei $k = 1{,}3$ ist, dann würde mit $v = 0{,}2189\ m^3/kg$ aus der Tabelle 2, S. 132.

$$L = \frac{1{,}3}{0{,}3} \cdot 120000 \cdot 0{,}2189 \left[1 - \left(\frac{1}{12}\right)^{\frac{0{,}3}{1{,}3}}\right] = 49660 \text{ mkg/kg}.$$

9. Die allgemeine Wärmegleichung (s. Wärmelehre, Sammlung Göschen Bd. 242) besagt, daß die bei einer Zustandsänderung zu- oder abgeführte Wärme Q gleich ist der Summe der Zu- oder Abnahme der Eigenwärme (innere Energie $u_2 - u_1$) und der geleisteten oder aufgewendeten Arbeit $A \cdot L$:

$$(19) \qquad \begin{cases} Q = u_2 - u_1 + AL \text{ oder} \\ dQ = du + AdL \end{cases}$$

und mit dem Ausdruck für dL (Gl. (14))

$$(19a) \qquad dQ = du + AP\,dv,$$

oder, wenn statt der Änderung der Eigenwärme (innere Energie) die Änderung des Wärmeinhaltes i herangezogen wird,

$$(20) \qquad dQ = di - Av\,dP.$$

Gl. (19, 19a) gelten nur für Zustandsänderungen (z. B. für 7a α, β, γ, δ), Gl. (20) auch für den ganzen Kreisprozeß.

10. Wärme- oder Entropiediagramm

a) Wie die Arbeit als Produkt von Kraft und Weg im pv-Diagramm als Fläche erscheint, so kann auch die Wärmemenge als Fläche dargestellt werden, als Produkt der absoluten Temperatur T und einer Größe s (für 1 kg, S für beliebige Mengen), die nach Clausius Entropie (Verwandlungsinhalt) genannt wird. Trägt man T als Ordinaten, s als Abszissen graphisch auf, so erhält man das Wärme-, Ts- oder Entropiediagramm, und es ist

(21) $$dQ = T \cdot ds \text{ oder } Q = T(s_2 - s_1).$$

b) Was die Entropie ist, ist nicht ohne weiteres zu bestimmen, da sie nicht durch die Sinne wahrnehmbar ist. Die Entropie ist, wie die Temperatur, nur vom Zustand abhängig, also ein Kennzeichen für den Zustand, nicht aber davon, wie dieser erreicht worden ist. (Dagegen ist z. B. die Wärmemenge wesentlich davon abhängig, auf welchem Wege der Zustand erreicht wurde.)

Wie bei der mechanischen Arbeit die Kraft, z. B. der Gasdruck, das treibende Element ist, die Raumänderung aber nur eine Bedingung für die Arbeitsleistung, so vertritt bei der anderen Energieform, der Wärme, die Temperaturdifferenz die Stelle der „Spannkraft", während eine Entropieänderung die Bedingung für die Möglichkeit der Wärmezu- oder -abfuhr ist. Aus der Analogie $dL = P dv$ und $dQ = T ds$ folgt, daß die Entropieänderung der Raumänderung entspricht.

c) Die Entropie des flüssigen Wassers folgt aus der Beziehung $ds' = \frac{dQ}{T}$, mit $dQ = c\,dT$ und $c \cong 1$ für Wasser angenähert

$$ds' = \frac{c\,dT}{T} = \frac{dT}{T},$$

und durch Integration von 0° C ($T = 273$) bis zur Siedetemperatur T_s ist

(22) $$s' = \ln \frac{T_s}{273} = 2{,}303 \log \frac{T_s}{273}$$

die Entropie des Wassers von Siedetemperatur auf 0° C bezogen. Werte von s' s. Dampftab. im Anhang.

Trägt man zu den verschiedenen Werten von T_s (für verschiedene Drücke) die Werte von s' auf und verbindet die Punkte, so erhält man die Temperaturkurve der Flüssigkeitserwärmung, d. h. die untere Grenzkurve *OCK* (Abb. 5). Z. B. ist für Wasser von 211,4⁰ (entsprechend $p = 20$ at) die

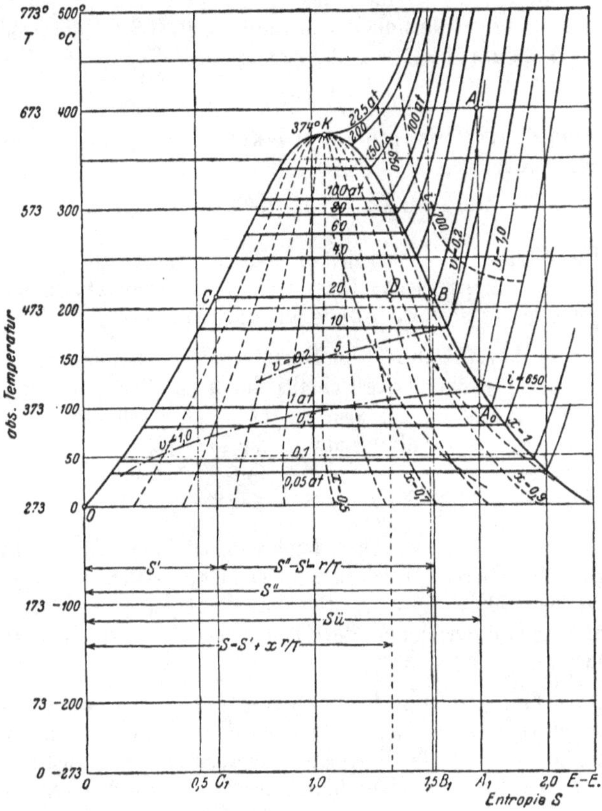

Abb. 5. Entropie-(Ts-)Diagramm

Entropie s' die Strecke oC_1. Die Fläche $oOCC_1$ unterhalb der Grenzkurve bis zur abs. Temperatur Null ist die Flüssigkeitswärme i' (vgl. Fußnote 1 S. 11).

d) Während der Verdampfung ändert sich t (und p) nicht, diese isothermische Zustandsänderung ist im Sättigungsgebiet eine waagerechte Gerade, die für trocken gesättigten Dampf so weit verläuft, bis die Fläche unter ihr (CBB_1C_1) die Größe der Verdampfungswärme r ergibt, so daß

$$r = (s'' - s')T,$$

wenn s'' die Entropie des trocken gesättigten Dampfes ist, woraus

$$s'' - s' = \frac{r}{T} \quad \text{oder} \quad s'' = s' + \frac{r}{T}. \tag{22a}$$

Die Werte $s'' - s'$ von der unteren Grenzkurve oder s'' von der Ordinatenachse an für verschiedene Temperaturen aufgetragen, ergeben die obere Grenzkurve KB.

Feuchter Dampf vom Dampfgehalt x hat nur die Verdampfungswärme xr, gleichfalls durch ein Rechteck dargestellt, z. B. C_1CDD_1, also um $(1 - x)r$ gleich der Fläche D_1DBB_1 weniger als r; dann ist die Entropie

$$s = s' + x\frac{r}{T} = \ln\frac{T_s}{273} + x\frac{r}{T}. \tag{23}$$

Wie S .12 erwähnt, gehen im kritischen Punkt K (225 at, 374° C) die Grenzkurven ineinander über, die Verdampfungswärme wird $r = 0$; der Zustand ist labil, bei geringer Wärmeabfuhr wird der Dampf stark feucht, bei Wärmezufuhr überhitzt.

e) Die Kurven gleichen Dampfgehaltes x erhält man durch Teilung der Strecken zwischen den Grenzkurven im Verhältnis der x, da die Flächen der Verdampfungswärmen proportional x sind, und Verbindung der Punkte gleicher Teilung.

So ist für $x = 0{,}8$ (Abb. 5) $CD : CB = 0{,}8$. In Abb. 5 sind die x-Kurven für $x = 0{,}1$, 0,2 bis 0,9 eingezeichnet.

f) Die Überhitzungswärme war nach S. 14 $dQ = c_p dT$ und da $dQ = T ds$, so folgt für die Entropie des überhitzten Dampfes

$$(24) \qquad ds = c_p \frac{dT}{T} \quad \text{oder} \quad s - s' = c_p \ln \frac{T}{T_s}.$$

Wäre $c_p =$ konst., so wäre die Kurve gleichen Druckes eine logarithmische Linie; da c_p aber mit Druck und Temperatur veränderlich ist, so müßte die Kurve für kleine Temperaturintervalle punktweise gezeichnet werden, was bei den neueren Diagrammen berücksichtigt ist.

Die Überhitzungswärme ist nun, da sie bei konst. Druck zugeführt wird, die Fläche unterhalb der Kurve gleichen Druckes im Überhitzungsgebiet, z. B. für 20 ata, 400° – Punkt A, Abb. 5 u. 6 – ist Fläche BAA_1B_1 die Überhitzungswärme. Der Wärmeinhalt i des überhitzten Dampfes ist die Summe der Flächen der Flüssigkeitswärme, der Verdampfungswärme und der Überhitzungswärme, z. B. für 20 at, 400° die Fläche $oOCBAA_1$ bzw. $OECBAA_1 = i$. Die Erzeugungswärme λ ist um die Flüssigkeitswärme i_w des Speisewassers geringer (z. B. bei $t_w = 50°$ die Fläche unterhalb der Grenzkurve von 0° C bis 50°).

11. Zustandsänderungen im Entropiediagramm

a) $p =$ konst. Im Sättigungsgebiet sind die Kurven gleichen Druckes mit der Temperatur identische Gerade, z. B. CB für 20 at (Abb. 5); im Überhitzungsgebiet steigen sie gekrümmt stark an (z. B. BA für 20 at). Die zu- oder abzuführende Wärme ist durch die Fläche unterhalb der Zustandsänderung gegeben, oder rechnerisch aus Gl. (20), S. 21 zu ermitteln. Da $dP = 0$ für $P =$ konst., so ist $dQ = di$, oder

$$Q = i_2 - i_1.$$

Die Arbeit war im pv-Diagramm (S. 15) $L = P(v_2 - v_1)$, die äquivalente Wärmemenge AL kann nur im Sättigungsgebiet einfach dargestellt werden, da $AL = APv''(x_2 - x_1)$; APv'' ist aber die äußere Verdampfungswärme ψ, denn Pv'' ist die Raumänderungsarbeit bei Verdampfung, wenn v' vernachlässigt wird.

Folglich ist $AL = \psi(x_2 - x_1)$ und kann als Teil von ψ dargestellt werden, wenn ψ aus den Dampftabellen als Teil von r, z. B. unter CB, Abb. 5, eingetragen wird; dann wäre für eine Zustandsänderung DB die Arbeit der Teil von ψ unter DB.

b) $v =$ konst. Im Sättigungsgebiet findet man die Kurven gleichen Volumens aus der Überlegung, daß, wenn v_1'' das Volumen des trock. gesätt. Dampfes vom Druck p_1 ist, der Dampf bei einem Volumen v (wobei $v < v_1''$) einen Dampfgehalt von $x_1 = \frac{v - v'}{v_1'' - v'}$ (aus Gl. (1), S. 10, ermittelt) haben muß; bei gleichem Volumen v ist für einen anderen Druck p_2

$$x_2 = \frac{v - v'}{v_2'' - v'} \text{ usw.}$$

Teilt man die Strecken zwischen den Grenzkurven für die verschiedenen Drücke im Verhältnis der ermittelten x-Werte (z. B. $CD : CB = 0{,}8$, Abb. 5) und verbindet die so gefundenen Punkte, so erhält man eine Kurve gleichen Volumens (z. B. 0,2, 1,0 m³/kg, Abb. 5). Man kann aber auch die Werte von x nach Gl. (11) (S. 16) ermitteln und für die verschiedenen Drücke die Entropie $s = s' + x\frac{r}{T}$ errechnen, die, auf den entsprechenden Drucklinien abgetragen, durch Verbinden die v-Kurve ergeben. Die Werte s' und $\frac{r}{T}$ sind wieder den Dampftabellen zu entnehmen.

Im Überhitzungsgebiet sind die Kurven gleichen Volumens nach oben gekrümmte Linien, die steiler als die p-Kurven verlaufen. Sie können eingezeichnet werden, indem man aus Gl. (2) für das Volumen v für verschiedene Temperaturen T die Drücke $P = 10000\,p$ ermittelt und dann die Entropievermehrung von der Grenzkurve aus nach Gl. (24) mit der zu p gehörigen Sättigungstemperatur $T_s = t_s + 273^0$ errechnet und zu der Temperatur aufträgt.

Zahlentafel 2, S. 132 enthält die Volumina von überhitztem Dampf bei verschiedenen Zuständen.

c) Die adiabatische Zustandsänderung, ohne Wärmezu- und -abfuhr und ohne Reibungsverluste, muß wegen $Q = 0$ eine Fläche vom Inhalt Null ergeben, ist also eine senkrechte Gerade vom Anfangs- bis zum Endzustand. Dieses folgt auch aus $dQ = T \cdot ds = 0$, woraus $ds = 0$ sein muß und $s =$ konst., d. h. $s_1 = s_2$ – eine zur s-Achse rechtwinklige Gerade, z. B. AA_0 in Abb. 5. Dampf von hohem Dampfgehalt x wird bei adiabatischer Expansion feuchter, sehr feuchter würde trockner; überhitzter Dampf wird nur bei sehr hoher Überhitzung und nicht zu tiefem Enddruck überhitzt bleiben, meist aber die Grenzkurve überschneiden und ins Sättigungsgebiet übergehen. Aus dem kritischen Punkt würde die Adiabate sofort fast unveränderlich mit $x \cong 0{,}5$ verlaufen.

d) Die polytropische Zustandsänderung verläuft nicht senkrecht, sondern bei Expansion nach rechts unten nach einer gekrümmten Linie, deren Verlauf wegen der Reibung nicht genau bestimmt werden kann.

12. Kreisprozeß, Arbeitsvermögen (Wärmegefälle)

Wie im pv-Diagramm das Arbeitsvermögen L bei adiabatischer (verlustloser) Expansion als Fläche innerhalb der Zustandsänderungen des Kreisprozesses erscheint, so ist auch die dem Arbeitsvermögen äquivalente ausnutzbare Wärmemenge AL – das Wärmegefälle h_t – die von den Zustandsänderungen des Kreisprozesses im Ts-Diagramm eingeschlossene Fläche. Das gilt zwar für alle anderen Prozesse mit Verlusten, die wirklich in Arbeit umgesetzte Wärme hat jedoch eine kleinere Fläche, s. S. 49.

Es sei A (Abb. 6) der Anfangszustand und A_0 der Endzustand nach adiabat. Expansion, dann kann man den Verlauf des Kreisprozesses so annehmen, daß der expandierte Dampf im Zustande A_0 also mit dem Wärmeinhalt $i_0 =$ Fläche

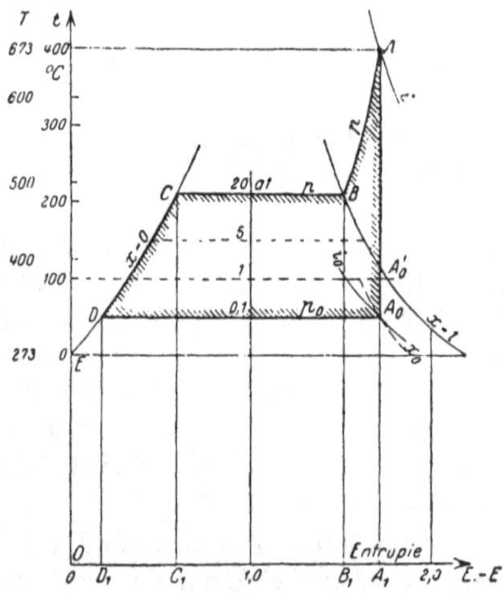

Abb. 6. Arbeitsvermögen im Ts-Diagramm

$OEDA_0A_1$ in den Kondensator tritt, in welchem bei $p_0 =$ konst. der Dampf vollständig verflüssigt, d. h. in den Zustand D übergeführt und ihm die Verdampfungswärme = Fläche $A_0DD_1A_1$ entzogen wird. Das Kondensat wird nun in den Kessel auf den Druck p gedrückt (Speisepumpe), unter Erwärmung auf Siedetemperatur entsprechend dem Druck p (Vorwärmer, zugeführt $i' - i_0' =$ Fläche D_1DCC_1) — Zustand C — und im Kessel durch Zufuhr der Verdampfungswärme r = Fläche $C_1 C B B_1$ verdampft – Zustand B. Endlich wird durch Zufuhr der Überhitzungswärme = Fläche $B_1 B A A_1$ (Überhitzer) der Dampf in den Anfangszustand A mit dem Wärmeinhalt i = Fläche $OECBAA_1$ gebracht – der Kreisprozeß ist geschlossen und kann von neuem beginnen. Es wurde demnach die Erzeugungswärme λ = Fläche $D_1 DCBAA_1$ zugeführt und die Wärmemenge = Fläche $A_0 D D_1 A_1$ abgeführt, die Differenz, d. i. die Fläche $DCBAA_0$, ist in Arbeit umgesetzt, stellt also das **verfügbare Wärmegefälle** h_t dar. Dieses Gefälle ist aber auch die Differenz der Wärmeinhalte $i - i_0$ vor und nach der adiabat. Expansion, so daß

(25)
$$h_t = i - i_0 = AL.$$

Diese Beziehung kann auch aus Gl. (20) abgeleitet werden, da $Q = 0$ ist und somit nach Integration Gl. (25) ergibt (vgl. Gl. (17)).

Es kann also immer nur ein Teil der zugeführten Wärme in Arbeit umgesetzt werden (s. den zweiten Hauptsatz der Wärmelehre, S. G. Band 242).

Der **thermische Wirkungsgrad** η_{th} ist das Verhältnis der ausnutzbaren Wärme h_t zu dem Wärmeaufwand, d. i. zur Erzeugungswärme λ

(26)
$$\eta_{th} = \frac{h_t}{\lambda} = \frac{h_t}{i - i_w} = \frac{h_t}{i - i_1}.$$

Beispiel. Das Wärmegefälle von 1 kg Dampf bei adiab. Expansion von $p = 12$ at abs. 300° auf $p_0 = 0{,}5$ at ist

$$h_t = i - i_0 \text{ kcal/kg, wobei } i = i'' + c_{pm}(t - t_s)$$

und $i_0 = i_0' + x_0 r$, wenn der Index 0 die dem Druck p_0 entsprechenden Werte anzeigt.

Mit $c_{pm} = 0{,}55$ nach Zahlentaf. 3 im Anhang und den Werten aus den Dampftabellen ist

$$i = 664{,}7 + 0{,}55\,(300 - 187{,}1) = 726{,}8 \text{ kcal/kg}.$$

Da $s = s_0$ (s = konst.) und $s = s'' + c_{pm} \ln T/T_s = 1{,}5592 + 0{,}55 \ln 573/460{,}1 = 1{,}6805$, so ist aus $s_0 = s_0' + x_0 r/T_0 = s_0' + x_0(s_0'' - s_0') = s$

$$x = \frac{s - s_0'}{s_0'' - s_0'} = \frac{1{,}6805 - 0{,}2592}{1{,}8237 - 0{,}2592} = 0{,}908$$

und damit

$$i = 80{,}81 + 0{,}908 \cdot 550{,}8 = 581{,}2 \text{ kcal/kg},$$

so daß $h_t = 726{,}8 - 581{,}2 = 145{,}6$ kcal/kg. Der thermische Wirkungsgrad ist, da $i_w = i_0' = 80{,}8$,

$$\eta_{th} = \frac{h_t}{i - i_w} = \frac{145{,}6}{726{,}8 - 80{,}8} = 0{,}219, \text{ d. s. } 21{,}9 \text{ v. H.}$$

13. Die Drosselung des Dampfes ist ein Vorgang, bei welchem der Dampfdruck durch Querschnittsverengung in der Leitung (durch Ventil oder Drosselscheibe) erniedrigt wird, ohne Arbeitsabgabe nach außen. Der Drosselvorgang besteht aus einer durch Expansion des Dampfes bedingten Erzeugung hoher Dampfgeschwindigkeit, die sich dann durch restlose Verwirbelung und Reibung schließlich dem Dampf wieder als Wärmezufuhr überträgt und dadurch den gleichen Wärmeinhalt bedingt, der vor der Drosselung herrschte. Es muß folglich der Wärmeinhalt unverändert $i =$ konst. bleiben, was ein Kennzeichen der Drosselung ist. Ist p_1 der Anfangsdruck, p_2 der Druck nach der Drosselung, so ist für feuchten Dampf

$$i_1 = i_2; \; i_1' + x_1 r_1 = i_2' + x_2 r_2,$$

woraus

$$x_2 = \frac{i_1' - i_2' + x_1 r_1}{r_2}.$$

Da $i_1' > i_2'$ und $r_1 < r_2$, jedoch die Differenz der Wärmeinhalte überwiegt, so muß $x_2 > x_1$ sein, der Dampf wird durch das Drosseln trockner und könnte bei genügend starker Drosselung von Dampf mit wenig Feuchtigkeit ganz trocken oder überhitzt werden. Die Endtemperatur t_2 entspricht im Sättigungsgebiet dem Druck p_2 (s. Tabellen), im Überhitzungsgebiet kann sie ermittelt werden aus der Beziehung $i = i_2'' + c_{pm}(t_2 - t_s)$, woraus

$$t_2 = \frac{i - i_2''}{c_{pm}} + t_s. \tag{27}$$

Da c_{pm} von der Temperatur abhängig ist, so muß zunächst t_2 geschätzt und dazu c_{pm} aus Zahlentafel 3 entnommen werden, und wenn der angenommene Wert von t_2 mit dem errechneten nicht übereinstimmt, muß so lange geändert werden, bis t_2 und c_{pm} zugehörige Werte erhalten.

Beispiel. Dampf von $p_1 = 14$ at $x = 0{,}97$ werde auf $p_2 = 2$ at gedrosselt. Es ist dann

$$i_1 = i_1' + x_1 r_1 = 197{,}1 + 0{,}97 \cdot 468{,}9 = 651{,}9.$$

Da für 2 at $i_2'' = 645{,}8$ kcal/kg also kleiner ist als i, so ist der gedrosselte Dampf überhitzt. Es sei t_2 auf 150° geschätzt, dann ist nach Zahlentafel 2, S. 134 $c_{pm} = 0{,}52$ und nach Gl. (27)

$$t_2 = \frac{i - i_2''}{c_{pm}} + t_s = \frac{651{,}9 - 645{,}8}{0{,}52} + 119{,}6$$

$$= 11{,}7 + 119{,}6 = 131{,}3^0,$$

stimmt also mit der Annahme nicht überein. Nun sei $t_2 = 130^0$ angenommen, wofür $c_{pm} = 0{,}559$ ist, dann wäre

$$t_2 = \frac{652{,}9 - 646{,}9}{0{,}559} + 119{,}6 = 10{,}9 + 119{,}6 = 130{,}5^0,$$

was genügend gut übereinstimmt. Bequemer ist die Ermittlung im is-Diagramm, s. S. 32.

Die Bestimmung des Dampfgehaltes kann bei nicht zu großer Feuchtigkeit mittels des Drosselkalorimeters erfolgen, wobei Ausströmen in die Atmosphäre stattfinden muß. Dieses Verfahren ist deshalb nur bei genügendem Überdruck anwendbar, der Endzustand muß im Überhitzungsgebiet liegen. Der Dampf wird vom Druck p_1 auf einen Druck ps gedrosselt und die Temperatur t_2 gemessen. Vor dem Drosseln ist $i_1 = i_1' + x_1 p_1$, nach dem Drosseln $i_2 = i_2'' + c_{pm}(t_2 - t_{2s})$ (s. Gl. (9), S. 14) und da $i_1 = i_2$, so kann x_1 errechnet werden.

Man kann in den Diagrammen auch die Drosselkurven $i =$ konst., die bei der Regelung der Dampfturbinen wichtig sind, eintragen (Abb. 5). Besonders einfach gestalten sich diese Kurven und das Wärmegefälle im is-Diagramm.

14. Das *is*-(Mollier-)Diagramm

Da im Dampfturbinenbau für die Berechnungen das Wärmegefälle in Frage kommt, d. h. die Differenz der Wärmeinhalte, diese aber im Entropie-Diagramm als Fläche ermittelt oder errechnet werden muß, was unbequem ist, so hat Prof. Dr. Mollier eine andere graphische Darstellung eingeführt, in der als Abszissen wieder die Entropie, als Ordinaten aber statt der Temperaturen, wie im Wärmediagramm, die Wärmeinhalte i aufgetragen sind. Das so erhaltene *is*- oder Mollier-Diagramm zeigt die den Arbeitswerten äquivalenten Wärmegefälle als Strecken, die bequem abgegriffen werden können,

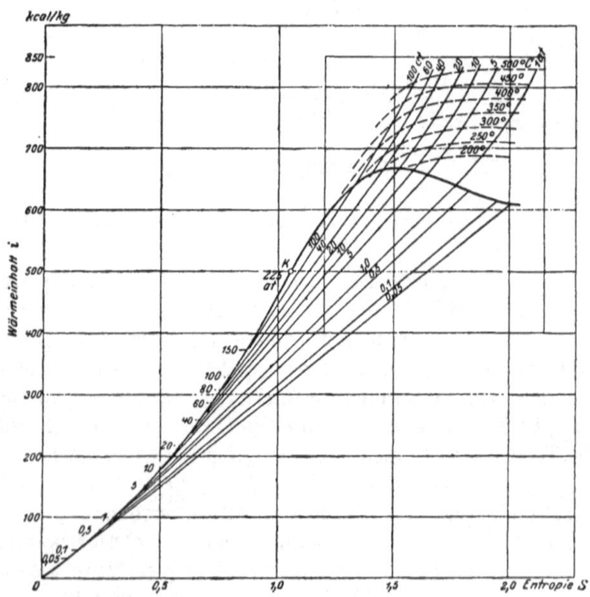

Abb. 7. *is*-(Mollier-)Diagramm

er Maßstab ist meist 1 kcal = 1 mm. Trägt man für die verschiedenen Drücke die aus den Dampftabellen zu entnehmenden Wärmeinhalt der Flüssigkeit i' als Ordinaten über den Entropien s' als Abszissen bzw. die Dampfwärmen i'' über den zugehörigen Entropien s'' auf, so ergibt die Verbindung der Punkte die untere bzw. die obere Grenzkurve (Abb. 7). Da für die Berechnung nur das Gebiet in der Nähe der oberen Grenzkurve — wenig feuchter und überhitzter Dampf — in Frage kommt, so umfassen die Diagramme stets nur den in Abb. 7 umrahmten Teil, vgl. VDI-Wasserdampftafeln.

15. Zustandsänderungen im is-Diagramm

a) $p =$ konst. Die Kurven gleichen Druckes sind im Sättigungsgebiet Gerade (Abb. 7 u. 8), die zu gleichen Drücken gehörige Punkte der Grenzkurven verbinden; denn aus den Gleichungen $i = i' + xr$ und $s = s' + x\frac{r}{T}$ kann durch Eliminieren von x eine Gleichung

$$i = i' + (s - s') \cdot T$$

zwischen i und s gebildet werden, die ersten Grades, also die einer Geraden ist.

Im Überhitzungsgebiet verlaufen die Kurven gleichen Druckes mit leichter Krümmung nach oben. Sie können eingetragen werden nach Ermittlung von i und s nach Gl. (9) u. (24) (S. 14 u. 25) für verschiedene Temperaturen.

Im Sattdampfgebiet sind die Kurven gleichen Druckes auch die Kurven konstanter Temperatur. Im Heißdampfgebiet verlaufen diese Isothermen nach oben konvex (Abb. 7). Man erkennt, daß die Wärmemengen zur Erzeugung überhitzten Dampfes bis $\sim$ 100 at vom Druck wenig abhängig sind.

Da für den üblicherweise bei den is-Diagrammen gewählten Darstellungsbereich die untere Grenzkurve fehlt, kann der Wärmeinhalt für Kondensat des Dampfes nur dadurch ermittelt werden, daß man am Schnittpunkt der Druckkurve mit der oberen Grenzkurve die Temperatur abliest und da innerhalb der Grenzkurven die Temperatur dem Druck entsprechend gleich hoch bleibt, kann der Wärmeinhalt i' an der unteren Grenzkurve aus $i' = c_p \cdot ts$ bestimmt werden, wobei für geringe Drücke genügend genau $c_p = 1$ angenommen werden kann.

b) $v =$ konst. Die Kurven gleichen Volumens sind in neueren Diagrammen ebenfalls enthalten; es lassen sich die Werte von i und s für $v =$ konst. für verschiedene Drücke und Temperaturen aus den Gl. (2), (9) u. (24) für überhitzten Dampf und aus Gl. (1), (7) u. (22) für gesättigten Dampf ermitteln. Die Kurven gleichen Volumens verlaufen steiler als die Druckkurven.

c) Die adiabatische Zustandsänderung ist im is-Diagramm, da $s =$ konst. ist, eine senkrechte Gerade, z. B. AA_0 in Abb. 8 bei Expansion von $p = 30$ ata auf $p_0 = 1$ ata. Das dem Arbeitsvermögen äquivalente verfügbare Wärmegefälle h_t ist die Strecke

$$AA_0 = i - i_0 = h_t \text{ kcal/kg}.$$

Bei gleichem Druckgefälle nimmt das Wärmegefälle mit wachsender Überhitzung zu und damit auch der thermische Wirkungsgrad. Mit zunehmendem Anfangsdruck nimmt das Wärmegefälle ebenfalls zu, jedoch bei geringer Überhitzung nur bis etwa 40 at. Die Anwendung hoher Drücke ist demnach nur bei genügend hoher Überhitzung wirtschaftlich. Mit der Drucksteigerung muß eine Erhöhung der Überhitzung auch aus dem Grunde erfolgen, weil die Adiabaten bei gar keiner oder zu geringer Überhitzung zu weit links im is-Diagramm liegen und der Endzustand der Expansion bei niedrigen Drücken auf sehr große Dampffeuchtigkeit führen würde, was bei Dampfmaschinen und Turbinen zu Anständen (Wasserschlag bzw. Schaufelerosion) führen kann.

Beispiel. Das verfügbare Wärmegefälle bei adiabat. Expansion von 15 ata 350° auf 0,06 at ist nach dem Mollier-Diagramm

$$h_t = i - i = 750{,}9 - 517 = 233{,}9 \text{ kcal/kg}$$

und, da

$$i'_0 = 32{,}6 \text{ kcal/kg},$$

so ist

$$\eta_{th} = 233{,}9 : (750{,}9 - 32{,}6) = 0{,}325 = 32{,}5 \text{ v.H.}$$

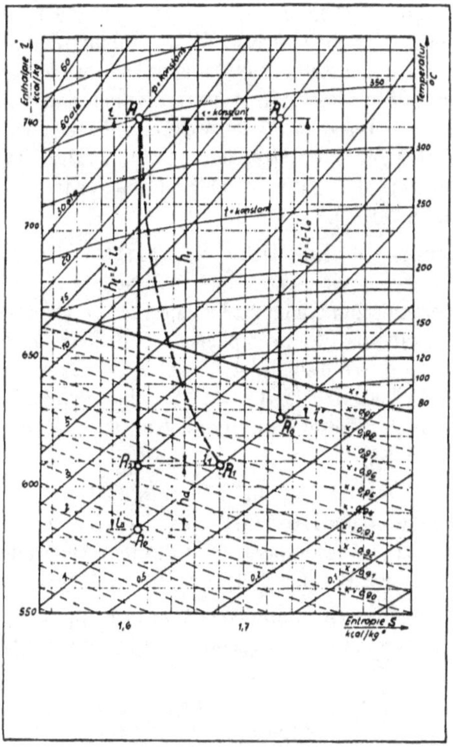

Abb. 8. Expansion am Mollier-*is*-Diagramm

Wäre der Dampf nur trocken gesättigt, so würde

$h_t = 197{,}4$ kcal/kg und mit $i = 666{,}6$ kcal/kg,

$\eta_{th} = 197{,}4 : (666{,}6 - 32{,}6) = 0{,}311 = 31{,}1$ v. H.

Für 60 ata 350° C ist $h_t = 266{,}1$, $i = 727{,}1$, somit $\eta_{th} = 266{,}1 : (727{,}1 - 32{,}6) = 0{,}383 = 38{,}3$ v. H.

d) Bei polytropischer Expansion, d. h. mit Reibung verlaufender, findet Entropiezunahme statt, so daß der Endzustand nicht A_0 (Abb. 8), sondern auf demselben Enddruck etwa durch A_1 gegeben ist. Der Wärmeinhalt i_1 ist demnach größer als i_0, da die Reibungswärme im Dampf bleibt, also die Expansion mit Wärmezufuhr stattgefunden hat. (Auch eine Expansion mit Wärmeabfuhr wäre eine Polytrope, nur die adiabate ist ohne Wärmezu- oder -abfuhr.) Der Verlauf der Expansionslinie AA_1 kann verschieden sein, er ist nicht genau bekannt (s. S. 50).

e) Kurven gleichen Dampfgehaltes x. Die Entropiewerte und ebenso die i-Werte nehmen nach Gl. (23) bzw. (7) proportional mit zunehmender Feuchtigkeit (abnehmendem x) ab. Man erhält die Punkte gleichen x auf den verschiedenen Druckkurven durch Teilen der Strecken zwischen den Grenzkurven im Verhältnis x (z. B. $x = 0{,}1$, $0{,}2 \ldots 0{,}9$, $0{,}95 \ldots$) und durch Verbinden dieser Punkte die Kurven gleichen Dampfgehalts (Abb. 8).

f) Bei Drosselung ist die Zustandsänderung eine waagerechte Gerade — die Drossellinie —, da hierbei $i =$ konst. ist. Die erreichte Endtemperatur ist aus dem Diagramm leicht zu ermitteln (vgl. Beispiel S. 31).

Durch das Drosseln nimmt das Wärmegefälle bei gleichem Enddruck ab, was für die Regelung von Dampfturbinen wichtig ist.

Beispiel. Das Wärmegefälle wird beim Drosseln von 14 at 220° auf 4 at bei gleichem Enddruck $p_2 = 0{,}06$ at von $h_t = 193{,}4$ kcal/kg auf $h_t = 155{,}8$ kcal/kg verringert; die Temperatur wird $\sim 200°$ C.

16. Ausströmen von Dämpfen ohne Verluste (s. a. Bd. 242, S. G.)

a) Strömt Dampf aus einem Gefäß mit dem Druck p durch eine Mündung aus, so wird der Druck in der Mündung, bei geeigneter Form derselben, bis auf den Außendruck p_a sinken und der Dampf mit einer bestimmten Geschwindigkeit aus der Mündung treten. Hierbei wird demnach die Druck(potentielle) Energie in Geschwindigkeits-(kinetische) Energie verwandelt, es findet in der Mündung eine Energieumsetzung statt. Ist das ganze Druckgefälle aufgezehrt, so muß dafür bei verlustloser Strömung (adiabatische Expansion) eine dem ganzen Arbeitsvermögen gleiche Strömungsenergie (lebendige Kraft) entstanden sein. Da in den Dampfturbinen die Strömungsenergie zur Arbeitsleistung ausgenutzt wird, so muß die Beziehung zwischen Arbeitsvermögen und Strömungsgeschwindigkeit ermittelt werden.

Eine einfache Überlegung zeigt, daß $L = \frac{mc_0^2}{2}$ sein muß, wenn m die Masse des strömenden Dampfes (bei 1 kg) ($m = 1/g$) und c_0 die erreichte Geschwindigkeit, woraus diese errechnet werden kann, da $L = h_t/A$ ist.

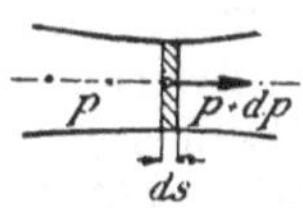

Abb. 9. Strömende Bewegung

Betrachtet man einen Querschnitt der Mündung von F m² Fläche, so ist, wenn allgemein c die Dampfgeschwindigkeit, P der Druck in kg/m² nach Abb. 9, die in der Pfeilrichtung auf eine Masse m von der Weglänge ds in der Zeit dt wirkende gesamte Kraft

$$FP - F(P + dP) = FdP = m\frac{dc}{dt}$$

(Masse m mal Beschleunigung $dc : dt$). Mit

$$m = \frac{F \cdot ds \cdot \gamma}{g} \quad \text{ist} \quad dP = \frac{ds}{dt} \cdot dc\frac{\gamma}{g},$$

und da $$\frac{ds}{dt} = c, \text{ so ist } dP = \frac{\gamma}{g} \cdot cdc;$$

da ferner

$$\gamma = \frac{1}{v} \text{ und } c\,dc = d\left(\frac{c^2}{2}\right),$$

so folgt

$$(28) \qquad v\,dP = d\left(\frac{c^2}{2g}\right) \quad \text{oder} \quad \int_{p_0}^{p} v\,dP = L = \frac{c_0^2}{2g} - \frac{c^2}{2g}.$$

Die linke Seite dieser Gleichung ist nach Gl. (17) und Abb. 4 das Arbeitsvermögen von 1 kg Dampf bei adiab. Expansion, die rechte Seite ist die Zunahme der lebendigen Kraft von 1 kg (Masse $m = \frac{1}{g}$ mal Quadrat der Geschwindigkeit durch 2), wenn c die Anfangs-, c_0 die erreichbare Endgeschwindigkeit in m/s. Es ist somit die theoret. Arbeit einer verlustlosen Dampfturbine gleich derjenigen einer verlustlosen Kolbenmaschine.

Abb. 10. Verlustlose Ausströmung

b) Die Ausflußgeschwindigkeit kann nun aus dem Arbeitsvermögen ermittelt werden. Es seien alle Größen vor der Mündung ohne Index, am Ende der Mündung mit Index 0 bezeichnet (Abb. 10). Dann ist aus Gl. (28)

$$(29) \qquad c_0 = \sqrt{2gL + c^2}.$$

Für die Ausströmung kann meist c gegenüber c_0 vernachlässigt werden, da der Querschnitt vor der Mündung groß, also c klein ist. Dann ist mit dem Wert von L nach Gl. (18), S. 20

$$(29a) \qquad c_0 = \sqrt{2\,gL} = \sqrt{2g\,\frac{k}{k-1} \cdot P \cdot v \left[1 - \left(\frac{p_0}{p}\right)^{\frac{k-1}{k}}\right]}.$$

Der Exponent k hat die auf S. 16 angegebenen Werte je nach dem Dampfzustand. Mit Hilfe des Mollierschen is-Diagramms kann c_0 wesentlich einfacher ermittelt werden, denn nach Gl. (25) ist

$$AL = i - i_0, \quad \text{also} \quad L = \frac{i - i_0}{A} = \frac{h_t}{A}$$

und damit

$$(30) \quad \begin{cases} c_0 = \sqrt{2gL} = \sqrt{2g\frac{h_t}{A}} \\ \quad = \sqrt{2 \cdot 9{,}81 \cdot 427 \cdot h_t} = 91{,}5\sqrt{h_t} \text{ m/s} \end{cases}$$

mit den Werten $g = 9{,}81$ und $A = 1/427$.

Auf dem is-Diagramm ist meist noch eine Geschwindigkeitsskala aufgetragen, auf der durch Anlegen der abgegriffenen Strecke des Wärmegefälles h_t die Geschwindigkeit direkt abgelesen werden kann.

Zahlentafel 1, S. 132 enthält Werte von i für verschiedene Anfangszustände und kann zur schnellen Ermittlung obiger Werte benutzt werden.

Beispiel. Bei adiab. Expansion in einer Mündung vom Zustand $p = 14$ ata $t = 300^0$ auf $p_0 = 0{,}06$ ata sei die theoretische Austrittsgeschwindigkeit zu ermitteln.

a) Nach Zahlentafel 2 ist

$$v = 0{,}1859 \text{ m}^3/\text{kg}$$

und mit $k = 1{,}3$

$$L = \frac{k}{k-1} \cdot P \cdot v \left[1 - \left(\frac{p_0}{p}\right)^{\frac{k-1}{k}}\right]$$

$$= \frac{1{,}3}{0{,}3} \cdot 140000 \cdot 0{,}1859 \left[1 - \left(\frac{0{,}06}{14}\right)^{\frac{0{,}3}{1{,}3}}\right] = 80740 \text{ mkg/kg}.$$

Dann ist

$$c_0 = \sqrt{2 \cdot 9{,}81 \cdot 80740} = 1260 \text{ m/s}.$$

b) Einfacher und genauer erhält man die Geschwindigkeit nach Abgreifen von $h_t = i - i = 725{,}6 - 511{,}2 = 214{,}4$ kcal/kg aus dem is-Diagramm und damit $c_0 = 91{,}5 \sqrt{214{,}4} = 1340$ m/s oder

c) durch Anlegen von $h_t = 214{,}4$ mm an die Geschwindigkeitsskala des is-Diagramms.

c) Die sekundliche Ausflußmenge G_{sek} kann aus der Kontinuitätsgleichung $G_{sek} \cdot v_0 = F_0 c_0$ ermittelt werden, wenn F_0 der Endquerschnitt bei richtiger Bemessung der Mündung, $G_{sek} = \frac{F_0 c_0}{v_0}$ kg/s oder mit c_0 nach Gl. (29a) und $v_0 = v\left(\frac{p}{p_0}\right)^{\frac{1}{k}}$ aus Gl. (12) der Adiabate, nach Umformung:

$$(31) \qquad G_{sek} = F_0 \sqrt{2g\frac{k}{k-1} \cdot \frac{p}{v}\left[\left(\frac{p_0}{p}\right)^{\frac{2}{k}} - \left(\frac{p_0}{p}\right)^{\frac{k+1}{k}}\right]} \text{ kg/s}$$

oder der Querschnitt F_0 für eine bestimmte Menge G_{sek}:

$$(31a) \qquad F_0 = G_{sek} : \sqrt{2g\frac{k}{k-1} \cdot \frac{p}{v} \cdot \left[\left(\frac{p_0}{p}\right)^{\frac{2}{k}} - \left(\frac{p_0}{p}\right)^{\frac{k+1}{k}}\right]} \text{ m}^2.$$

Beispiel. Bei adiab. Expansion von $p = 14$ ata $t = 300°$ auf $p_0 = 0{,}06$ at ist mit v aus dem Beispiel unter a) S. 39

$$G_{sek} = F_0 \sqrt{2 \cdot 9{,}81 \frac{1{,}3}{0{,}3} \cdot \frac{140000}{0{,}1859}\left[\left(\frac{0{,}06}{14}\right)^{\frac{2}{1{,}3}} - \left(\frac{0{,}06}{14}\right)^{\frac{2{,}3}{1{,}3}}\right]}$$
$$= 104{,}6\, F_0 \text{ kg/s}.$$

Ist c_0 bereits ermittelt, so kann auch v_0 aus dem is-Diagramm entnommen oder aus dem Endzustand errechnet und alsdann G_{sek} aus der Kontinuitätsgleichung $G_{sek} = F_0 \cdot \frac{c_0}{v_0}$ bestimmt werden.

d) Das Verhalten des Dampfes im Strahl in der Mündung.

α) Damit die Energieumsetzung in der Mündung vollständig vor sich gehen kann und die dem Gefälle h_t entsprechende Geschwindigkeit c_0 überhaupt erreicht wird, muß die Mündung eine besondere Form erhalten, die Querschnitte müssen richtig ermittelt werden. Es besteht zwischen dem Querschnitt und dem Druck eine bestimmte Beziehung, zu deren Beurteilung in Abb. 11 zu den Drücken p als Ordinaten die Volumina v (die Kurve ist die Adiabate) und die Dampfgeschwindigkeiten c als

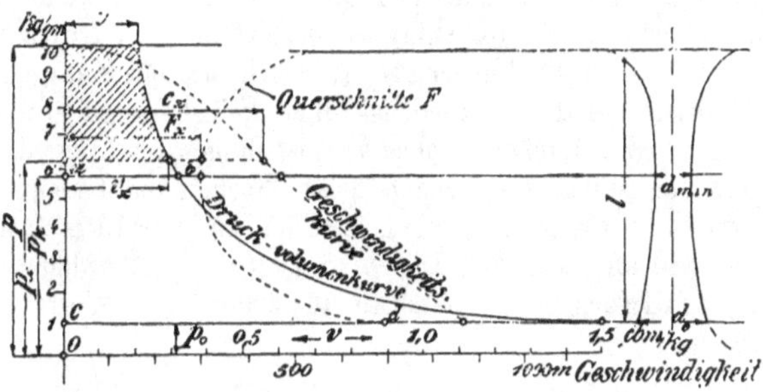

Abb. 11. Druck-Volumen-Diagramm, Dampfgeschwindigkeit und Düsenquerschnitt

Abszissen aufgetragen sind. Aus der Kontinuitätsgleichung folgt für einen beliebigen Druck p_x

$$F_x = \frac{G_{sek} \cdot v_x}{c_x}.$$

Werden die hieraus ermittelten Werte gleichfalls über p aufgetragen, so wird für $p_x = p$ $c_x = 0$, also $F_x = \infty$ am Anfang der Mündung; für $p_x = 0$ würde wegen $v = \infty$ wieder $F_x = \infty$ werden müssen (tatsächlich geht die Expansion nur bis zum Druck p_0, so daß der Endquerschnitt einen endlichen Wert hat). Trägt man die F-Werte für zwischenliegende Drücke auf, so zeigt sich, daß die Mündung für einen bestimmten Druck p_x einen

β) kleinsten Querschnitt F_{min} erhalten muß.

Hat eine Mündung einen kleinsten Querschnitt und ist dann erweitert, so bezeichnet man sie als Lavaldüse, kurz Düse genannt. Hat die Mündung keine Erweiterung, also den kleinsten Querschnitt an ihrem Ende, dann wird sie als Leitkanal (Zoellymündung) bezeichnet.

Hat wiederum eine Mündung einen engsten Querschnitt F_{min}, so stellt sich in diesem bei genügend tiefem Außendruck stets ein ganz bestimmter Druck p_k ein. Liegt der engste Querschnitt am Mündungsende (was auch der Fall ist, wenn alle Querschnitte gleich groß sind), so herrscht dort der Druck p_k. Ist der Außendruck kleiner als p_k, so geht am Mündungsende p_k plötzlich in den Außendruck über, bei genügend großem Unterschied entstehen explosive Wirbelungen. Schräg abgeschnittene Mündungen zeigen diese Erscheinung bedeutend später, sie verhalten sich wie Düsen, jedoch ändert der Strahl seine Richtung, s. S. 51). Die Gl. (31) u. (31a) gelten allgemein für jeden Druck p_0, also auch für die zugehörigen Werte von F_{min} und p_k:

$$F_{min} = G_{sek} : \sqrt{2g \frac{k}{k-1} \cdot \frac{P}{v} \left[\left(\frac{p_k}{p}\right)^{\frac{2}{k}} - \left(\frac{p_k}{p}\right)^{\frac{k+1}{k}} \right]}$$

Hieraus kann p_k/p ermittelt werden, denn F wird ein Minimum, wenn der Klammerausdruck unter der Wurzel sein Maximum erreicht. Dazu muß sein

$$d \left[\left(\frac{p}{p_k}\right)^{\frac{2}{k}} - \left(\frac{p_k}{p}\right)^{\frac{k+1}{k}} \right] = 0,$$

$$\frac{2}{k} \left(\frac{p_k}{p}\right)^{\frac{2}{k}-1} - \frac{k+1}{k} \left(\frac{p_k}{p}\right)^{\frac{k+1}{k}-1} = 0,$$

$$\left(\frac{p_k}{p}\right)^{\frac{k-1}{k}} = \frac{2}{k+1}$$

und endlich

(32) $$\frac{p_k}{p} = \left(\frac{2}{k+1}\right)^{\frac{k}{k-1}}$$

Der Druck im engsten Querschnitt, genannt

γ) der kritische Druck p_k, ist somit nur vom Anfangsdruck p abhängig, nicht aber vom Außendruck. Mit den Werten von k nach S. 16 folgt:

für anfangs trock. gesätt. Dampf, $k = 1{,}135$,

(33a) $p_k = 0{,}5774\, p$; $\quad p = 1{,}73\, p_k$,

für anfangs überhitzten Dampf, $k = 1{,}3$,

(33b) $p_k = 0{,}5457\, p$; $\quad p = 1{,}83\, p_k$.

δ) Die kritische Geschwindigkeit c_k, die sich im engsten Querschnitt einstellt, entsprechend dem Druckgefälle von p auf p_k, folgt aus Gl. (29a) durch Einstellen von p_k statt p_0 und $\frac{p_k}{p}$ aus Gl. (32):

(34) $$c_k = \sqrt{2g\frac{k}{k+1} \cdot P \cdot v},$$

das ist zugleich die „Schallgeschwindigkeit". Mit den Werten für k ist

für anfangs trock. gesätt. Dampf, $k = 1{,}135$,

(34a) $c_k = 323\sqrt{pv}$ m/s,

für anfangs überhitzten Dampf, $k = 1{,}3$,

(34b) $c_k = 333\sqrt{pv}$ m/s,

wenn p in kg/cm², v in m³/kg eingesetzt wird.

ε) Die Ausflußmenge G_{sek} kann auch nach Einsetzen von p_k statt p_0 in Gl. (31) und des Wertes p_k aus Gl. (32) ermittelt werden:

(35) $$G_{sek} = F_{min}\sqrt{2g\frac{k}{k+1}\frac{P}{v}\left(\frac{2}{k+1}\right)^{\frac{2}{k-1}}}\ \text{kg/s}.$$

Es ist dann

für anfangs trock. gesätt. Dampf, $k = 1{,}135$,

$$G_{sek} = 199 \cdot F_{min} \sqrt{\frac{p}{v}} \text{ kg/s,} \tag{36a}$$

für anfangs überhitzten Dampf, $k = 1{,}3$,

$$G_{sek} = 209 \cdot F_{min} \sqrt{\frac{p}{v}} \text{ kg/s,} \tag{36b}$$

wenn p in kg/cm², v in m³/kg eingesetzt wird.

Es kann also nur eine bestimmte, bei gleichem Querschnitt nur vom Anfangszustand abhängige Menge hindurch, unabhängig vom Druck p_0 und dem Endquerschnitt F_0; diese Erkenntnis ist wichtig für die Berechnung der Regulierventile und bei Teilbelastungen.

Beispiel. Es sei $p = 14$ ata, $t = 300^0$; dann ist nach dem Beispiel S. 39

$$v = 0{,}1859 \text{ m}^3/\text{kg und } p_k = 0{,}5457 \cdot 14 = 7{,}64 \text{ at.,}$$

$$c_k = 333 \sqrt{14 \cdot 0{,}1859} = 537 \text{ m/s,}$$

$$G_{sek} = 209 \cdot F_{min} \sqrt{14 : 0{,}1859} = 1574\, F_{min}.$$

c) Eine höhere Geschwindigkeit als c_k ist für einen gegebenen Anfangszustand mit einer gewöhnlichen Mündung nicht zu erreichen, es würde nur das Gefälle bis p_k (in Abb. 11 schraffiert) ausgenutzt, der übrige Teil des Arbeitsvermögens geht in Wirbel u. dgl. verloren. Soll in der Mündung die dem ganzen Gefälle entsprechende Geschwindigkeit c_0 erreicht werden, so muß, wie Abb. 11 zeigt, eine vom engsten Querschnitt an richtig erweiterte Mündung — eine Düse — angewendet werden. Eine Erweiterung ist aber nur bei überkritischem Druckverhältnis erforderlich, d. h. wenn der Enddruck der Expansion p_0 kleiner ist als p_k. Ist p_0 gleich oder höher als p_k — unterkritisches Druckverhältnis, so ist, wie Abb. 11 zeigt, eine nichterweiterte Mündung — ein Leitkanal anzuwenden. Diese Unterscheidung ist für die Ausführung der Leitvorrichtungen der Dampfturbinen von großer Bedeutung

17. Der wirkliche Ausfluß

a) ist mit Verlusten verbunden, die durch Reibung an den Wandungen der Mündung und im Strahl selbst, durch Wirbel und Stöße hervorgerufen werden. Es geht dadurch ein Teil der Strömungsenergie verloren, der in Wärme rückverwandelt wird und als solche vom Dampf aufgenommen wird, so daß der Dampf eine höhere Temperatur und damit ein größeres Volumen, dafür aber eine geringere Geschwindigkeit

Abb. 12. Strömung mit Verlusten

hat als bei verlustloser Strömung. Die Expansionslinie ist nun keine Adiabate, sondern verläuft unter Wärmezufuhr.

Es seien in Abb. 10 u. 12 die Größen vor der Düse ohne Index, beim Austritt bei adiabat. Expansion mit dem Index 0 und bei wirklicher Expansion mit dem Index 1 bezeichnet; dann ist $c_1 < c_0$, $i_1 > i_0$, somit nur das Gefälle $h_1 = i - i_1$ in Geschwindigkeit umgesetzt. Der Verlust an kinetischer Energie — der Düsenverlust $h_d = AL_d$ — kann als Differenz der Energien bei adiabat. und bei wirklicher Strömung ermittelt werden. Für adiabatische Expansion ist nach Gl. (28)

$$\frac{c_0^2}{2g} = \frac{c^2}{2g} + \frac{i - i}{A} \text{ mkg/kg}$$

und für wirkliche Expansion

$$\frac{c_1^2}{2g} = \frac{c^2}{2g} + \frac{i - i_1}{A} \text{ mkg/kg},$$

folglich der Düsenverlust

$$(37)\quad \begin{cases} L_d = \dfrac{c_0^2}{2g} - \dfrac{c_1^2}{2g} = \dfrac{i_1 - i_0}{A}\ \text{mkg/kg}; \\ h_d = i_1 - i_0\ \text{kcal/kg}, \end{cases}$$

also gleich dem Unterschied der Wärmeinhalte im Endzustand.

Der Gesamtbetrag der Reibungswärme i_r ergibt sich aus der Überlegung, daß nach Gl. (20) (S. 21)

$$dQ = di - Av\,dP \text{ oder } Q = i_2 - i_1 - A\int_1^2 v\,dP$$

und im vorliegenden Fall für Q die Reibungswärme i_r, für den Endwärmeinhalt hier i_1 statt i_2 und i für i_1 zu setzen ist.

Damit ist für wirkliche Expansion

$$i_r = i_1 - i - A\int_p^{p_0} v_r\,dP,$$

wenn v_r das jeweilige Volumen. Für verlustlose Strömung ist $i_r = 0$, der Endwärmeinhalt i_0, somit

$$0 = i_0 - i - A\int_p^{p_0} v_t\,dP,$$

wenn v_t das Volumen bei dieser Strömung. Durch Subtraktion und nach Umkehrung der Integrationsgrenzen ergibt sich

$$i_r = i_1 - i_0 + A\int_{p_0}^{p} (v_r - v_t)\,dP$$

und mit Gl. (37)

$$i_r = h_d + A\int_{p_0}^{p} (v_r - v_t)\,dP.$$

Der effektive Betrag des Energieverlustes ist folglich um den Betrag des Flächenintegrals kleiner als der Betrag der gesamten Reibungswärme, es wird demnach ein Teil der Reibungswärme wiedergewonnen.

Das pv-, Ts- und is-Diagramm geben nun eine anschauliche

b) Darstellung der Strömungsverluste.

α) Im pv-Diagramm. Abb. 13 zeigt für 1 kg Dampf vom Druck p und vom Volumen v die adiabatische Expansion AA_0 bis auf den Druck p_0 und die wirkliche Expansion AA_1, welche wegen des durch Zufuhr der Reibungswärme größeren Volumens flacher verläuft.

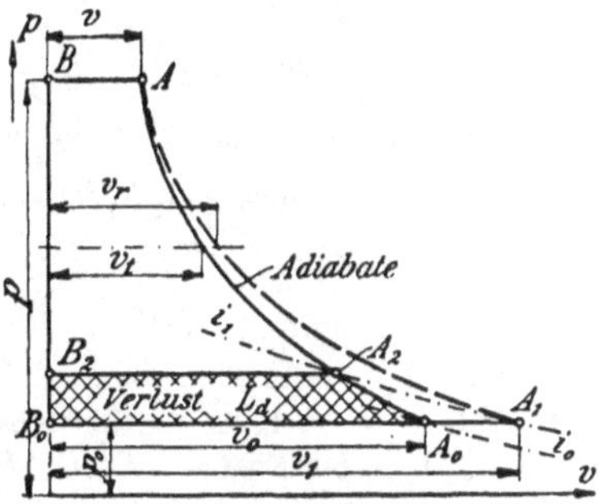

Abb. 13. Darstellung der Verluste

Es ist

$$\text{Fläche } BAA_0B_0 = \int_{p}^{p} v_t\,dP$$

und

$$\text{Fläche } BAA_1B_0 = \int_{p_0}^{p} v_r\,dP,$$

folglich die Differenz

$$\text{Fläche } AA_1A_0 = \int_{p_0}^{p} (v_r - v_t)\,dP,$$

das ist der Wert in Gl. (37) in mkg, um den die Reibungsarbeit größer ist als der Verlust an kinetischer Energie. Letzterer kann ebenfalls im Diagramm dargestellt werden, denn zieht man durch A_1 eine Linie konst. Wärmeinhalts $i_1 =$ konst., die die Adiabate AA_0 in A_2 schneidet, so würde bei adiab. Expansion von A bis A_2 dasselbe Wärmegefälle ausgenutzt, wie bei wirklicher Expansion von A bis A_1, also die gleiche Geschwindigkeit c_1 erzielt werden. Folglich ist

$$\text{Fläche } BAA_0B_0 \text{ die verfügbare Arbeit} = h_t : A,$$

$$\text{Fläche } BAA_2B_2 = h_1 : A$$

die wirklich ausgenutzte Energie, also

$$\text{Fläche } B_2A_2A_0B_0 = h_d : A$$

der Energie-(Düsen-)Verlust und damit nach Gl. (37)

$$\text{Fläche } AA_1B_0B_2A_2A$$

die Reibungsarbeit.

β) Im Ts-Diagramm sind die Wärmemengen als Flächen klar ersichtlich.

In Abb. 14 ist AA_0 die adiabatische, AA_1 die wirkliche Expansion. Dann ist Fläche $OEBCAD$ der Wärmeinhalt i im Anfangszustand, Fläche OEB_0A_0D der Wärmeinhalt i_0 am Ende der adiabatischen Expansion und Fläche $OEB_0A_1D_1 = i_1$ am Ende der wirklichen Expansion. Somit ist Fläche $B_0BCAA_0 = i - i_0$ das verfügbare Wärmegefälle h_t und Fläche $A_0A_1D_1D$ (kreuzweise schraffiert) $= i_1 - i_0$ der Düsenverlust h_d; die unterhalb AA_1 liegende Fläche $AA_1D_1D = i_r$ ist die zugeführte Reibungswärme. Zieht man wieder durch A_1 die Linie $i_1 =$ konst., so ist der Schnittpunkt A_2 mit der Adiabate AA_0 der Zustand mit dem Wärmeinhalt Fläche $OEB_2A_2D = i_1$, bis zu welchem adiabatisch expandiert werden müßte, um die Geschwindigkeit c_1 zu erhalten, d. h. das hierzu erforderliche Gefälle bei adiabat. Expansion ist Fläche $B_2BCAA_2 = i - i_1 = h_1$, während bei wirklicher Expansion zur Erreichung von c_1 das ganze Gefälle

$$h_t = \text{Fläche } B_0BCAA_0 = i - i_0$$

erforderlich ist. Die Differenz

$$\text{Fläche } B_0B_2A_2A_0 = i_1 - i_0$$

(kreuzweise schraffiert) ist somit der Düsenverlust h_d, der Energieverlust in kcal/kg.

Der Teil der Reibungswärme i_r, der nicht als Verlust an Energie auftritt — die Fläche AA_1A_0, praktisch etwa $^1/_4$ der Reibungswärme, also $^3/_4$ sind Energieverlust —, findet sich als Wärme wieder und wird wieder verwertet.

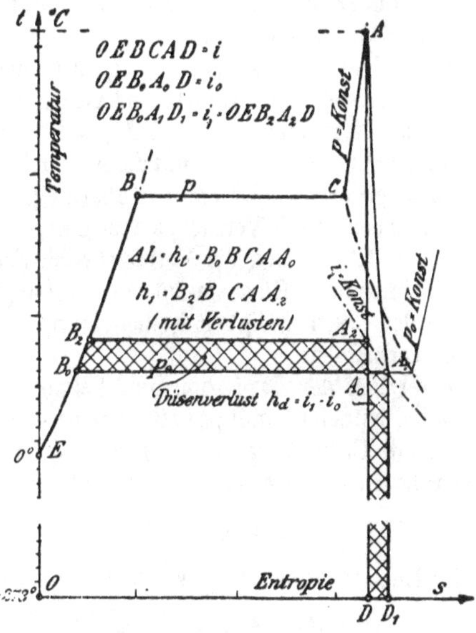

Abb. 14. Darstellung der Verluste im Entropiediagramm

γ) Im *is*-Diagramm, Abb. 8 (S. 36) erscheinen auch die Verluste als Strecken. Das verfügbare Gefälle $h_t = i - i_0$ ist die Strecke AA_0. Bei Expansion mit Verlusten ist $i_1 > i_0$, die Expansionslinie ist AA_1 mit demselben Enddruck p_0. Der Düsenverlust ist folglich $h_d = i_1 - i_0 = A_2A_0$ und AA_2 ist das wirklich umgesetzte Gefälle h_1. Die ganze Reibungswärme i_r (s. S. 46) erscheint im *is*-Diagramm nicht.

δ) Der Verlauf der wirklichen Expansionslinie AA_1 ist nicht genau bekannt, da die Vorgänge im Strahl sehr verwickelt sind. Hierüber sind zahlreiche Versuche ausgeführt worden, so von Stodola, Nusselt (s. Literatur), Gutermuth (Z. d. V. D. I. 1904, S. 82), Büchner (Z. d. V. D. I. 1904, S. 1036), Lewicki (Z. d. V. D. I. 1903, S. 529 und Forschungsheft 12), Prandtl und Proell (Z. d. V. D. I. 1904, S. 348), Baer, Flügel, Zerkowitz u. a. Danach scheinen die Verluste bis zum engsten Querschnitt sehr gering zu sein, der wirkliche Verlauf liegt nahe der Adiabate, erst nach dem engsten Querschnitt sind die Verluste und die Abweichung von der Adiabate stark hervortretend. Dem wird allerdings von anderer Seite widersprochen. Nach Versuchen von Christlein (Z. d. V. D. I. 1911 S. 2081) sollen die Verluste nach dem engsten Querschnitt abnehmen. Eine wesentliche Abhängigkeit der Verluste von der Geschwindigkeit ist bei richtig ausgeführten Düsen nicht vorhanden.

Wäre der Verlauf der Expansionslinie bekannt, so könnte A_1 und damit i_1 im Schnitt mit p_0 gefunden werden. Praktisch rechnet man mit Erfahrungs- und Versuchswerten und führt einen „Geschwindigkeitskoeffizienten“ φ ein, so daß

(38) $$c_1 = \varphi c_0,$$

dann ist der Energieverlust (Düsenverlust)

(39) $$L_d = \frac{c_0^2 - c_1^2}{2g} = \frac{c_0^2 - \varphi^2 c_0^2}{2g} = \frac{c_0^2}{2g}(1 - \varphi^2).$$

Bisweilen wird auch ein „Widerstandskoeffizient“ ζ eingeführt, der das Verhältnis L_d zu L ist oder

$$L_d = \zeta L = \zeta \frac{c_0^2}{2g} \text{ oder auch } h_d = \zeta h_t.$$

Nach Gl. (39) ist dann

(39a) $$\zeta = 1 - \varphi^2.$$

Im Dampfturbinenbau spielt der Geschwindigkeitskoeffizient φ eine große Rolle; der Wert ist je nach Güte der Ausführung

$$\varphi = 0{,}93 \text{ bis } 0{,}97\,.$$

Damit würde

$$\zeta = 0{,}135 \text{ bis } 0{,}059\,.$$

Man erhält im is-Diagramm den Punkt A_1, indem von A_0 nach oben der Düsenverlust h_d aus Gl. (39) abgetragen (Abb. 8, S. 35) und durch den erhaltenen Punkt ein Waagerechte ($i_1 =$ konst.) bis zum Schnitt mit p_0 in A_1 gezogen wird.

Beispiel. Für ein Gefälle von 14 at 300° auf $p_0 = 0{,}06$ war (s. Beispiel S. 39) $c_0 = 1340$ m/sek. Es sei $\varphi = 0{,}95$, also $\zeta = 0{,}0975$, dann ist

$$c_1 = \varphi c_0 = 0{,}95 \cdot 1340 = 1275 \text{ m/s}$$

und der Düsen-(Energie-)Verlust nach Gl. (39)

$$L_d = \frac{c_0^2 - c_1^2}{2g} = \frac{1340^2 - 1275^2}{2 \cdot 9{,}81} = 8663 \text{ mkg/kg}$$

oder

$$h_d = \zeta h_t = 0{,}0975 \cdot 214{,}4 = 20{,}8 \text{ kcal/kg}$$

und

$$i_1 = i_0 + h_d = 511{,}2 + 20{,}8 = 532{,}0 \text{ kcal/kg}.$$

18. Die Ermittlung der Querschnitte der Mündung (Leitvorrichtung) für eine bestimmte Dampfmenge und ein bestimmtes Gefälle kann erfolgen, nachdem festgestellt worden ist, ob der Enddruck der Expansion tiefer liegt als der kritische oder nicht, d. h. ob eine Düse erweitert oder ein Leitkanal mit ständiger Verengung bis auf den Endquerschnitt angewendet werden muß.

a) Die Düse von de Laval, der sie zuerst richtig ausführte, muß, um bei überkritischem Druckverhältnis die dem Gefälle entsprechende Geschwindigkeit zu erreichen, einen engsten Querschnitt haben und dann bis auf den Endquerschnitt so erweitert werden, daß der Dampf stetig expandieren kann. Der engste Querschnitt F_{min} kann für eine bestimmte sekundliche

Dampfmenge G_{sek} aus Gl. (36a) oder (36b) berechnet werden, aber auch aus der Kontinuitätsgleichung $F_{min} = \frac{G_{sek} \cdot v_k}{c_k}$, wenn v_k und c_k bereits ermittelt sind. Die anderen Querschnitte müssen ebenfalls der Kontinuitätsgleichung genügen; meist wird nur der Endquerschnitt $F_1 = \frac{G_{sek} \cdot v_1}{c_1}$ m² ermittelt, wobei v_1 das Volumen im Endzustand (Punkt A_1 in Abb. 8) und c_1 die wirklich erreichbare Endgeschwindigkeit.

Die Düsenquerschnitte lassen sich auch aus dem *is*-Diagramm ermitteln, indem für die verschiedenen Drücke im Schnittpunkt der Druckkurven mit der Adiabate oder mit der wirklichen Expansionslinie die Volumina direkt abgelesen werden, wenn die v-Kurven im Diagramm enthalten sind oder errechnet werden aus Gl. (1) bzw. (3), wenn x bzw. T aus dem Diagramm entnommen wird. Die Geschwindigkeit wird aus dem jeweiligen Gefälle nach Gl. (30) errechnet oder an der Geschwindigkeitsskala des *is*-Diagramms abgelesen. Dann bestimmt man die entsprechenden Querschnitte F und trägt sie über den Drücken auf (ähnlich Abb. 10). Daraus kann dann F_{min} und die Größe der übrigen Querschnitte entnommen werden.

b) Die Form des Längsschnittes der Düse muß natürlich so gewählt werden, daß sie die erforderlichen Querschnitte kontinuierlich ergibt. Der Anfangsquerschnitt müßte wegen $c_0 = 0$ unendlich groß sein, dem kann durch gute Abrundung am Eintritt bis zum engsten Querschnitt genügt werden. Von diesem ab erweitert sich die Düse meist mit geradliniger Begrenzung bis auf den Endquerschnitt, der maßgebend ist für den erreichbaren Enddruck und die Geschwindigkeit. Die Düse soll möglichst kurz sein, wegen der Reibung, jedoch soll der Winkel γ, den die Düsenbegrenzungslinien bilden (Kegelwinkel) nicht viel über 15° betragen, um die Ablösung des Strahles von den Wandlungen sicher zu vermeiden (Abb. 15). Sind

d_{min} bzw. d_0 der kleinste bzw. der Durchmesser am Düsenende, so ist die Länge l des erweiterten Teiles

$$l = (d_0 - d_{min}) : 2 \operatorname{tg} \gamma/2 .$$

Vom Endquerschnitt an erhält die Düse in abgerundetem Übergang (ohne Knick) einen nicht erweiterten Ansatz, um dem austretenden Strahl auch beim Schrägabschnitt unter dem Düsenwinkel α_1 genügend Führung zu geben. Die Querschnittsform kann ein Kreis sein, die Düse also ein Kegel, wie zuerst von de Laval ausgeführt, der Schrägabschnitt ist dann eine Ellipse, wobei jedoch die Laufschaufeln nicht voll ausgefüllt werden (s. Schaufelverluste), oder aber der Querschnitt

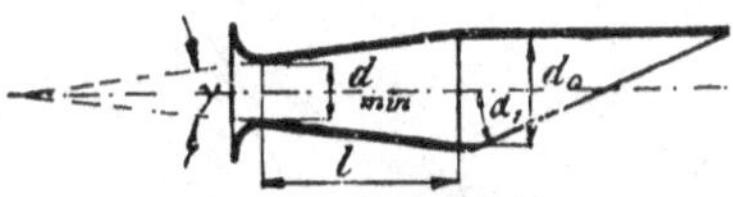

Abb. 15. Düsenform

geht von der runden Form in die rechteckige über. Meist wird jetzt aus Herstellungsrücksichten auch der engste Querschnitt rechteckig ausgeführt (siehe II. Teil). Durch die Querschnitte F_{min} und F_0 bzw. F_1 bei wirklicher Strömung ist das Erweiterungsverhältnis $F_1 : F_{min}$ festgelegt. Je größer das Expansionsverhältnis, um so größer ist auch $F_1 : F_{min}$. Würde der Druck p_0 höher als der Berechnung zugrunde gelegt, so läge der p_0 entsprechende Endquerschnitt im Inneren der Düse — sie wäre zu lang. Der Strahl würde sich von den Wandungen ablösen oder bis auf den dem Endquerschnitt der Düse entsprechenden Druck weiter expandieren und würde sich beim Austritt aus der Düse wieder auf p_0 verdichten — Verdichtungsstoß —, wodurch nicht unwesentliche Verluste entstehen[1]). Würde dagegen der Druck hinter der Düse kleiner als der Berechnung zugrunde gelegt, so wäre die Düse nicht

[1]) Flügel, Düsencharakteristik. F.-A. Heft 217.

genügend erweitert, also zu kurz, der Strahl tritt mit Überdruck aus und expandiert außerhalb der Düse bis auf den Außendruck. Bei nicht zu großem Überdruck haben etwas zu kurze Düsen sich als vorteilhaft erwiesen, weswegen man praktisch den Endquerschnitt kleiner macht als dem Enddruck p_0 entspricht, zumal weitere Expansion im Schrägabschnitt stattfinden kann.

c) Leitkanäle – ohne Erweiterung – erhalten den Querschnitt $F_1 = \frac{G_{sek} \cdot v_1}{c_1}$ m². Wird der Enddruck p_0 geändert, so

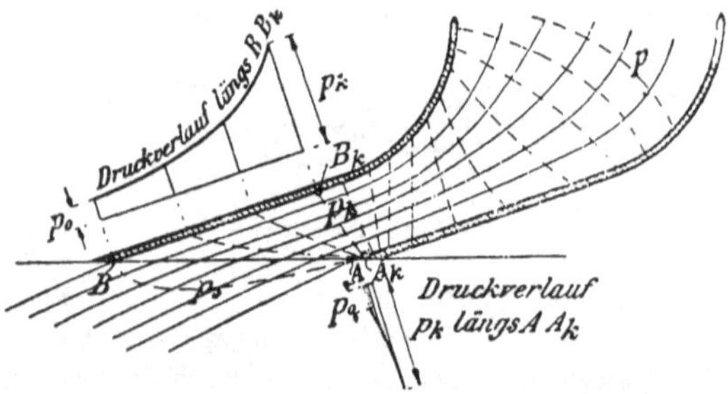

Abb. 16. Nichterweiterter Luftkanal bei überkritischem Druckverhältnis

ändert sich bei gleichem F_1 die Dampfmenge, weil sich c_1 und v_1 ändern, der Leitkanal arbeitet aber immer in richtiger Weise, solange p_0 nicht unter p_k sinkt, da kein Erweiterungsverhältnis in Frage kommt. Die Querschnittsform ist durchweg eine rechteckige, da die Kanäle durch Schaufeln – eingegossene oder gefräste bei Gleichdruckturbinen, ins Gehäuse eingesetzte bei Überdruckturbinen – gebildet werden.

Versuche von Christlein (s. Literatur) haben gezeigt, daß auch bei parallelwandigen Leitkanälen die kritische Geschwindigkeit überschritten werden kann, wobei der Geschwindigkeitskoeffizient φ noch zunahm. Es tritt allerdings alsdann eine Strahlablenkung ein, da nach dem von Baer[1]) (s. Literatur) ermittelten Druckverlauf (Abb. 16) ein Druckgefälle im Strahl schräg zur Kanalachse entsteht und die Wirkung eine Erweiterung ergibt. Der Ablenkungswinkel, der nach dem Machschen Winkel ermittelt werden kann, ist nun maßgebend für den Austritt bzw. für den Eintritt in die Laufschaufel. Abb. 16 zeigt auch den Druckverlauf im Schrägabschnitt. Eine solche Überschreitung des kritischen Druckgefälles bei parallelwandigen Leitkanälen wird praktisch angewendet bei größeren Aggregaten im Niederdruckteil, um bei zulässigem Raddurchmesser für die erforderlichen Querschnitte nicht zu lange Schaufeln zu erhalten.

Nötigenfalls werden größere Austrittswinkel gewählt. Eine Schaufelung stimmt genau nur für die Verhältnisse für die sie ausgelegt ist (Nennlast). Bei Überlastung tritt dann natürlich starke Ablenkung ein, wenn p_k unterschritten wird. Dasselbe tritt bei Teillast mit Düsenregelung (s. Bd. III) in der 1. Stufe ein.

Zweiter Abschnitt

Ausnutzung der Energie des Dampfes, Leistung, Turbinenarten

A. Umsetzung der kinetischen Energie

I. Der Arbeitsvorgang setzt sich aus 2 Teilen zusammen 1. Umwandlung des Arbeitsvermögens des Dampfes in kinetische Energie — lebendige Kraft, Bewegungsenergie — in der Leitvorrichtung (Düse oder Leitkanal), d. i. die Erzeugung der absol. Geschwindigkeit c_1, wie im vorhergehenden betrachtet, und 2. Übertragung der kinetischen Energie des Dampfes an das Laufrad, indem der Strahl in

[1]) H. Baer, Z. d. V. D. I. 1916.

die Schaufeln des Laufrades tritt und infolge der Ablenkung des Strahles einen Bahndruck auf die Schaufel ausübt, der als Umfangskraft das Laufrad in Drehung versetzt und so die lebendige Kraft an das Laufrad überträgt (Abb. 17).

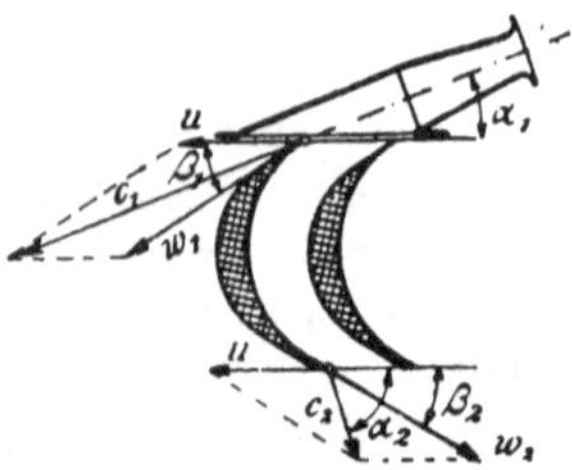

Abb. 17
Energieabgabe an die Schaufel

Je nachdem, ob die Umsetzung des Gefälles in Geschwindigkeit ganz in der Leitvorrichtung oder teils in der Leitvorrichtung, teils in der Laufschaufel erfolgt, und nach der Strömungsrichtung unterscheidet man:

a) Gleichdruck- und Überdruckturbinen. Bei den Gleichdruckturbinen (früher auch Aktionsturbinen genannt) wird das ganze Gefälle in der Leitvorrichtung in Geschwindigkeit umgesetzt, so daß im Spalt zwischen Leitvorrichtung und Laufrad und in der ganzen Turbinenkammer überall der gleiche Druck p_0 herrscht, analog den Freistrahl-Wasserturbinen. Die Dampfgeschwindigkeit in der Schaufel bleibt bis auf die Verluste (s. u.) gleich, weshalb auch die Ein- und Austrittsquerschnitte des Laufrades fast gleich sind.

Bei den Überdruckturbinen (auch Reaktionsturbinen genannt) wird nur ein Teil des Stufengefälles in der Leitvorrichtung in Geschwindigkeit umgesetzt; der Dampfstrahl tritt demnach mit Überdruck im Spalt zwischen Leit- und Laufschaufel in letztere ein, wo alsdann der übrige Teil des Gefälles in Geschwindigkeit umgesetzt wird; es tritt dadurch in der Laufschaufel eine Erhöhung der Dampfgeschwindigkeit ein. Auf die Schaufel wirkt somit außer dem Bahndruck auch die Reaktion des Dampfes, wie beim Segnerschen Rade, ein, der Austrittsquerschnitt muß kleiner sein als der Eintrittsquerschnitt, denn nur dadurch kann potentielle Energie in kinetische umgesetzt werden. Verteilt man das Stufengefälle zu je $^1/_2$ auf Leit- und Laufschaufeln, so werden im Bereich mäßiger Volumensänderung die Profile gleich.

Die Wirkungsweise ist folglich bei beiden Turbinenarten grundsätzlich verschieden, wodurch auch ganz verschiedene Ausführungen der Leitvorrichtungen und Laufschaufeln bedingt sind.

b) Axial- und Radialturbinen – je nach der Richtung der Dampfströmung in der Turbine. Bei den ersteren strömt der Dampf in der Richtung der Turbinen-(Rad-)Achse, die Schaufeln stehen radial. Bei den Radialturbinen strömt der Dampf in radialer Richtung – von der Mitte an die Peripherie oder umgekehrt – durch in der Achsenrichtung im Laufrade und im Gehäuse (oder in im Gehäuse befestigten Scheiben) sitzende Schaufeln. Diese Art wird verhältnismäßig wenig ausgeführt. Beide Ausführungsarten sind aber sowohl für Gleichdruck- als auch für Überdruckturbinen anwendbar. Die zunächst folgenden Betrachtungen gelten für Axialturbinen.

c) Gegenlaufturbinen, d. s. Radialturbinen, bei denen an zwei entgegengesetzt umlaufenden Radscheiben die axial gerichteten konzentrischen Schaufelkränze sitzen, so daß die Laufschaufeln der einen Radscheibe als Leitschaufeln der anderen wirken und umgekehrt; die Leistungsübertragung erfolgt demnach nach beiden Seiten der Turbine (s. Bd. III, Ljungströmturbine).

2. Gleichdruckturbinen

a) Energieabgabe an das Laufrad und Leistung

α) Der mit der wirklichen Geschwindigkeit – der absoluten Eintrittsgeschwindigkeit c_1 – unter einem Düsenwinkel α_1 zur Laufradebene in die Laufschaufel tretende Dampfstrahl hat in bezug auf die mit der Umfangsgeschwindigkeit u m/s bewegte Schaufel eine relative Eintrittsgeschwindigkeit w_1 (Abb. 17) unter einem Schaufeleintrittswinkel β_1, wobei w_1 und β_1 aus dem Geschwindigkeits-Parallelogramm durch Zerlegen von c_1 in u und w_1 gefunden werden.

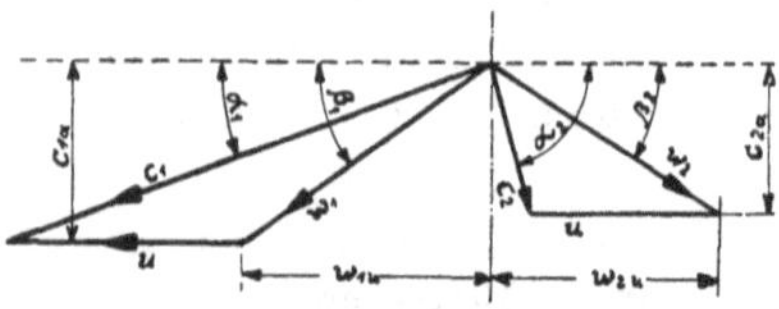

Abb. 18. Geschwindigkeitsplan

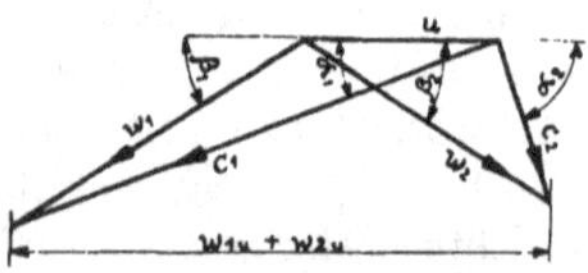

Abb. 19. Geschwindigkeitsplan

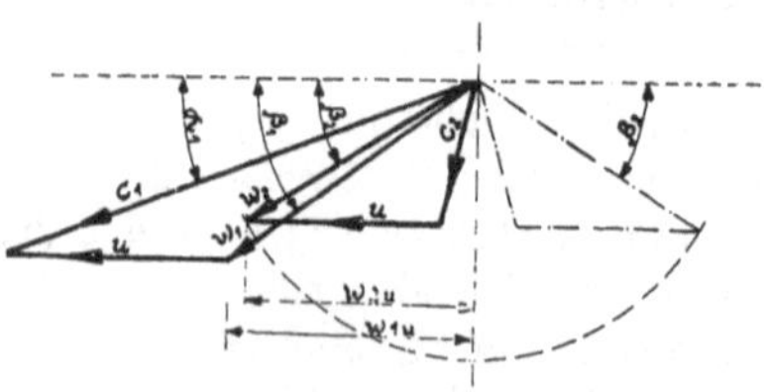

Abb. 20. Geschwindigkeitsplan

In der Schaufel wird der Strahl abgelenkt: ohne Verluste würde die Geschwindigkeit gleich w_1 bleiben, im allgemeinen wird nur noch eine relative Austrittsgeschwindigkeit w_2 m/s vorhanden sein, mit der der Strahl unter dem Schaufelaustrittswinkel β_2 aus der Schaufel tritt. Mit der Schaufelgeschwindigkeit u ergibt sich dann aus dem Parallelogramm der Geschwindigkeiten die absolute Austrittsgeschwindigkeit c_2 (Abb. 17). Man zeichnet nun nicht die ganzen Parallelogramme, sondern nur Geschwindigkeitsdreiecke, indem für den Eintritt an c_1 die Umfangsgeschwindigkeit angetragen werden muß. Die Eintritts- und Austrittsdreiecke werden entweder in einem Punkt A zusammengelegt (Abb. 18) oder aber auf der Umfangsgeschwindigkeit u so zusammengelegt, wie in Abb. 19 angegeben. Vielfach wird das Austrittsdreieck um die Senkrechte herumgeklappt gezeichnet nach Abb. 20. Die Pfeilrichtungen der relativen Geschwindigkeiten w und von u laufen immer dem Pfeilsinn, der absoluten Geschwindigkeiten entgegen. Im folgenden seien die Geschwindigkeitsdreiecke nach Abb. 18 gezeichnet.

Der Bahndruck, den der Dampfstrahl infolge der Ablenkung ausübt, ist gleich der auf die Achse der Bahnkrümmung bezogenen Fliehkraft der strömenden Masse und stets normal zur Schaufelfläche gerichtet, also veränderlich. Anstatt nun den resultierenden Schaufeldruck und daraus die Umfangskraft zu ermitteln, kann man sich zur einfachen

β) Bestimmung der Leistung des Satzes vom Antrieb (Impulssatz, s. Stodola [A, 15]) bedienen. Ein Massenpunkt m, auf den eine konstante Kraft P wirkt, erhält in der Kraftrichtung eine Beschleunigung $b = P : m$ und erreicht nach t Sekunden, wenn w_a die Anfangsgeschwindigkeit war, die Geschwindigkeit

$$w = w_a + bt = w_a + \frac{P}{m} \cdot t,$$

woraus

$$m(w - w_a) = P \cdot t.$$

Die Zunahme der Bewegungsgröße (Masse mal Geschwindigkeit) in der Kraftrichtung ist dem Produkt aus Kraft und der Dauer der Einwirkung derselben, also ihren „Antrieb“ gleich. Auf die Verhältnisse in der Schaufel bezogen, ist P die Umfangskraft und w hat die Richtung von u.

In die Schaufel tritt in der Sekunde die Masse m ein mit der relativen Umfangskomponente $w_{1u} = w_1 \cos \beta_1$ (Abb. 18) (nach links gerichtet); dieselbe Masse m verläßt die Schaufel mit der Komponente $w_{2u} = w_2 \cos \beta_2$ (nach rechts gerichtet). Die Bewegungsgröße wächst also von $w_{1u} \cdot m$ auf Null und dann auf $- w_{2u} \cdot m$, während die Umfangskraft P eine Sekunde lang wirkt; damit ist

$$P \cdot 1 = m(w_{1u} + w_{2u}),$$

und da die Geschwindigkeit am Umfang, an dem P wirkt, gleich u ist, so ist die Leistung (in mkg/s)

$$P \cdot u = m(w_{1u} + w_{2u})u,$$

oder für 1 kg Dampf, dessen Masse $m = \frac{1}{g}$, die Leistung am Umfang

(40) $$L_u = \frac{1}{g}(w_{1u} + w_{2u}) \cdot u \text{ mkg/kg},$$

oder

(40a) $$L_u = \frac{1}{g}(w_1 \cos \beta_1 + w_2 \cos \beta_2)u.$$

b) Die Leistung ohne Verluste in der Schaufelung, die theoretische, wird für eine bestimmte Umfangsgeschwindigkeit ein Maximum, wenn α_1, β_1 und β_2 unendlich klein würden, dann haben alle Geschwindigkeiten die Umfangsrichtung und es ist, wenn ohne Reibungsverluste $w_1 = w_2$ wäre (also nicht $w_2 < w_1$),

$$w_1 = c_1 - u = w_2 = w_{1u} = w_{2u}.$$

Damit würde

$$L_a = P \cdot u = \frac{2}{g}(c_1 - u)\, u \text{ mkg/s/kg}.$$

α) Es muß nun festgestellt werden, wie sich L_u mit u ändert, da hiervon die Wahl der Umfangsgeschwindigkeit abhängig ist. Von $u = 0$ an nimmt wohl $\frac{2}{g}(c_1 - u) = P$ allmählich ab, wegen der kleiner werdenden Relativgeschwindigkeit $c_1 - u = w$, jedoch nimmt L_u mit u zunächst zu, da das Wachsen von u überwiegt. Wird jedoch u so groß, daß $c_1 - u$ sehr klein wird, so nähert sich L_u wieder dem Werte Null. Zwischendurch muß L_u einen Höchstwert haben; dazu muß sein

$$\frac{d}{du}\frac{2}{g}(c_1 - u)u = 0,$$

$$\frac{d}{du}\left(\frac{2c_1u}{g} - \frac{2u^2}{g}\right) = 0,$$

(41) $$\frac{2c_1du}{g} - 2\cdot\frac{2u\,du}{g} = 0;\ \text{oder}\ u = \frac{1}{2}c_1.$$

Für die Idealturbine ist also die Leistung am größten, wenn die Umfangsgeschwindigkeit die Hälfte der Dampfgeschwindigkeit beträgt. Nach Einstellung ist

$$L_{\max} = \frac{2}{g}\left(c_1 - \frac{c_1}{2}\right)\frac{c_1}{2} = \frac{c_1^2}{2g},$$

oder, wenn auch kein Düsenverlust angenommen wird, also $c_1 = c_0$ ist,

$$L_{\max} = \frac{c_0^2}{2g},$$

d. h. gleich der verfügbaren Arbeit L.

β) Der Wirkungsgrad der Idealturbine hätte demnach den Höchstwert 1. Trägt man die Wirkungsgrade $\eta_u = \frac{L_u}{L}$ über dem jeweils für L_u zugrunde gelegten Verhältnis $u : c_1$ auf, so ergibt sich als Kurve der Wirkungsgrade eine Parabel, Abb. 21, die bei $u : c_1 = 0$ und $u/c_1 = 1$ die Abszisse schneidet und deren Scheitel bei $u : c_1 = 0{,}5$ liegt.

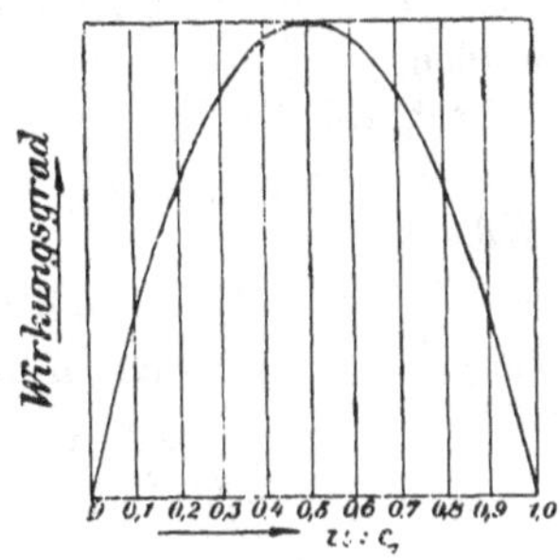

Abb. 21. Verlauf der η_u bei Gleichdruckturbinen

c) Bei Berücksichtigung der Verluste ist

α) die wirkliche Leistung von 1 kg Dampf kleiner, auch wegen der eine gewisse Größe erfordernden Winkel α_1, und dadurch wird auch der günstigste Wert von u ein anderer sein.

Die Leistung nach Gl. (40) S. 60 $L_u = \frac{u}{g}(w_{1u} + w_{2u})$ muß kleiner sein, als die verfügbare, da w_{1u} und w_{2u}, wie aus Abb. 18 ersichtlich, außer von u, auch noch von den Winkeln abhängig sind, dann aber auch noch von der Abnahme der relat. Geschwindigkeit infolge der Verluste, wobei gesetzt werden kann: $w_2 = \psi w_1$ (s. S. 87). Die Einflüsse der verschiedenen Größen zeigt bequemer der

β) Wirkungsgrad η_u am Radumfang, auch hydraulischer Wirkungsgrad oder Gütegrad der Schaufelung genannt. Es ist

$$(42)\qquad \begin{cases} \eta_u = \frac{L_u}{L} = \frac{u}{g}(w_{1u} + w_{2u}) : \frac{c_0^2}{2g} \\ \quad = 2\frac{u}{c_0^2}\cdot(w_{1u} + w_{2u}). \end{cases}$$

Die Abhängigkeit von den Koeffizienten φ und ψ und den Winkeln sowie der Einfluß der einzelnen Größen kann aus den Geschwindigkeitsplänen ersehen oder rechnerisch ermittelt werden:

Nach Abb. 18 ist

$$w_{1u} = w_1 \cos\beta_1 = c_1 \cos\alpha_1 - u$$

und

$$w_{2u} = w_2 \cos\beta_2 = \psi\varphi_1 \cos\beta_2,$$

oder mit w_1 aus der ersten Gleichung

$$w_1 = \frac{w_{1u}}{\cos\beta_1} = \frac{c_1 \cos\alpha_1 - u}{\cos\beta_1},$$

$$w_{2u} = \psi \frac{c_1 \cos\alpha_1 - u}{\cos\beta_1}\cdot\cos\beta_2.$$

Mit $c_0 = c_1/\varphi$ wird nach Einstellung in Gl. (42) und Umformung

$$\eta_u = \frac{2u\varphi^2}{c_1^2}\left[(c_1 \cos\alpha_1 - u) + \psi\frac{\cos\beta_2}{\cos\beta_1}(c_1 \cos\alpha_1 - u)\right]$$

(42a) $$\eta_u = \frac{2u\varphi_2}{c_1}\left(1 + \psi\frac{\cos\beta_2}{\cos\beta_1}\right)\left(\cos\alpha_1 - \frac{u}{c_1}\right).$$

Für $\beta_1 = \beta_2$ wird

(42b) $$\eta_u = \frac{2u\varphi^2}{c_1}(1 + \psi)\left(\cos\alpha_1 - \frac{u}{c_1}\right).$$

Somit ist η_u hauptsächlich vom Verhältnis $u : c_1$ abhängig, ferner von α_1, φ und ψ. Bei $\beta_2 < \beta_1$, (also $\cos\beta_2 > \cos\beta_1$) wird der Wirkungsgrad höher.

Für $u = 0$ und $u/c_1 = 0$ ist $\eta_u = 0$, nimmt dann zu und wieder ab, denn bei $\cos\alpha_1 - \frac{u}{c_1} = 0$ oder $\frac{u}{c_1} = \cos\alpha_1$ ist wieder $\eta_u = 0$. Dazwischen muß η_u einen Höchstwert haben, wofür

$$\frac{d}{du}\left(\cos\alpha_1 - \frac{u}{c_1}\right)\frac{u}{c_1} = 0$$

sein muß, oder

$$\frac{d}{du}\left(\cos\alpha_1\frac{u}{c_1} - \frac{u^2}{c_1^2}\right) = 0; \quad \frac{\cos\alpha_1}{c_1}du - \frac{2u\,du}{c_1^2} = 0,$$

woraus η_u ein Maximum hat für

(43) $$\frac{u}{c_1} = \frac{\cos\alpha_1}{2}.$$

Damit wird

(43a) $$\eta_{u\,\max} = \frac{\varphi^2}{2}(1 + \psi)\cos^2\alpha_1.$$

Bei $\beta_2 < \beta_1$, was anzustreben ist, wird η_u besser

(43b) $$\eta_{u\,\max} = \frac{\varphi^2}{2}\left(1 + \psi\frac{\cos\beta_2}{\cos\beta_1}\right)\cos^2\alpha_1.$$

γ) Verlauf der Wirkungsgradkurven. Wird c_1, α_1, φ und ψ konstant angenommen und β_1 immer auf stoßfreien Eintritt eingestellt, so ist Gl. (42a) für η_u die Gleichung einer Parabel mit den Abszissen u/c_1 und den Ordinaten η_u.

Zeichnet man für gleiche Werte von φ und ψ und für verschiedene Winkel α_1 die η_u auf, so ergeben sich verschiedene

Parabeln (Abb. 22), welche die Abhängigkeit vom Düsenwinkel zeigen. (Vgl. auch Abb. 34.)

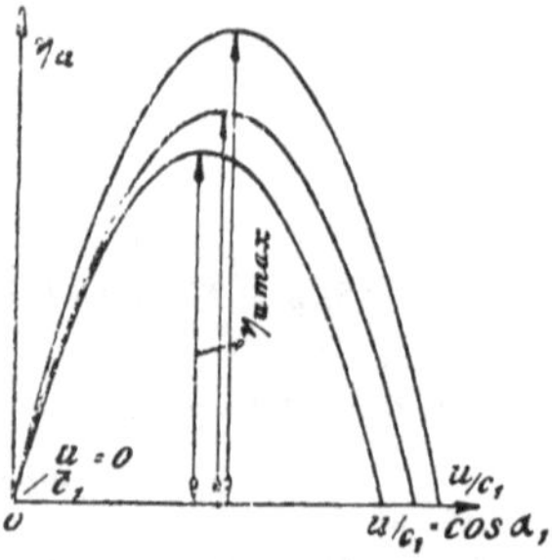

Abb. 22. Umfangswirkungsgrade

δ) Bei Verwertung der Austrittsgeschwindigkeit c_2 aus dem Laufrad in der folgenden Leitvorrichtung wird eine wesentliche Verbesserung des Wirkungsgrades erreicht. Der Verlauf von η_u über u/c_1 ist nicht genau parabolisch, der günstigste Wert von η_u liegt höher, etwa bei $u/c_1 = 0{,}6 - 0{,}7$. Vgl. S. 75.

3. Überdruckturbinen

a) Energie-Umsetzung und Leistung. Wie bereits erwähnt, expandiert der Dampf in der Leitvorrichtung nur bis auf den Spaltdruck p_s, die absolute Eintrittsgeschwindigkeit c_1 entspricht somit dem Gefälle von i auf i' (Abb. 23), wobei wegen der kleineren Werte von c_1 gegenüber Gleichdruckturbinen die Anfangsgeschwindigkeit stets zu berücksichtigen ist. In die mit der Umfangsgeschwindigkeit u bewegte Laufschaufel tritt der Dampf mit der aus dem Geschwindigkeitsparallelogramm (Abb. 24) sich ergebenden relativen Eintrittsge-

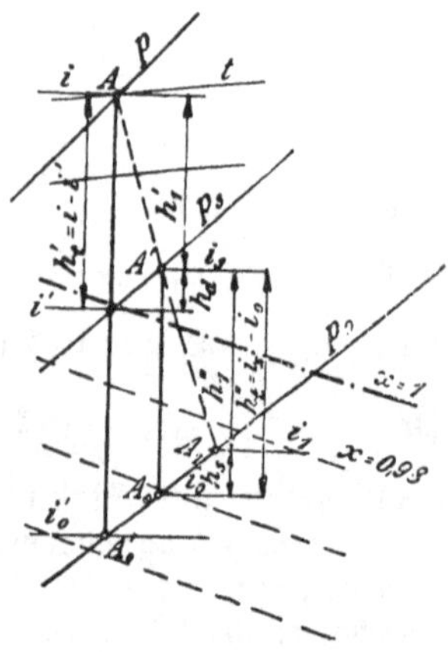

Abb. 23. Überdruckwirkung

schwindigkeit w_1, die, wie bei den Gleichdruckturbinen, eine Aktionswirkung auf die Schaufel ausübt.

Durch die weitere Expansion in der Schaufel von p_s auf p_0 wird w_1 entsprechend dem noch verbliebenen Wärmegefälle $i_s - i_0$ auf die relative Austrittsgeschwindigkeit w_2 erhöht, wodurch noch eine Reaktionswirkung ausgeübt wird. Aus w_2 und u ergibt sich nun wieder die absolute Austrittsgeschwindigkeit c_2 aus der Schaufel.

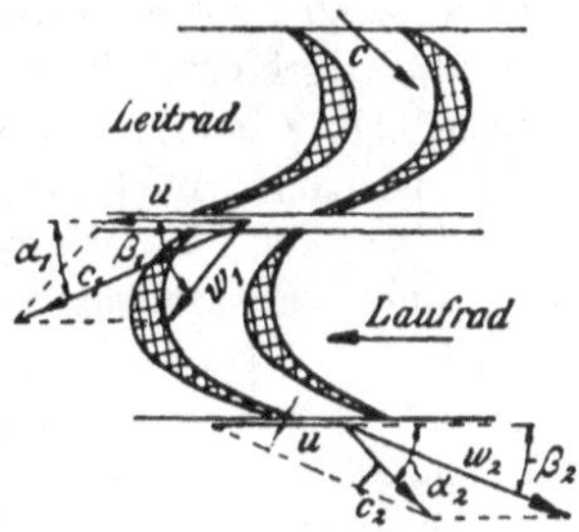

Abb. 24. Überdruckschauflung

Die Geschwindigkeitspläne (Abb. 25) sind wie bei den Gleichdruckturbinen zu zeichnen, nur ist $w_2 > w_1$ und w_2 muß, in derselben Weise wie c_1, aus dem in der Schaufel umgesetzten Gefälle ermittelt werden, wobei w_1 als Anfangs-(Zustrom-Geschwindigkeit zu berücksichtigen ist.

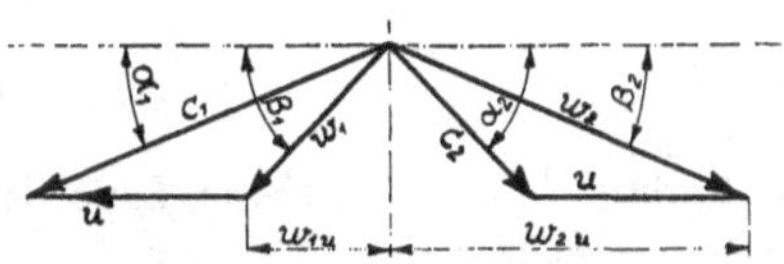

Abb. 25. Geschwindigkeitsplan bei Überdruckwirkung

Für das Leitrad ist dann theoretisch, wenn c die Zuströmgeschwindigkeit zur Leitschaufel

$$L' = \frac{c_0^2 - c^2}{2g} = \frac{i - i'}{A} = \frac{h_t'}{A}$$

oder mit

$$c_1 = \varphi c_0, \quad c_0 = \frac{c_1}{\varphi}, \quad c_1 = \varphi \sqrt{\frac{h_t'}{A} \cdot 2g + c^2}$$

$$h_t' = i - i' = \frac{A}{2g}\left(\frac{c_1^2}{\varphi^2} - c^2\right). \tag{44a}$$

Bei dicht aufeinanderfolgenden Stufen ist $c = c_2$, der Austrittsgeschwindigkeit aus der vorhergehenden Laufschaufel. Durch den „Düsenverlust" (Leitradverlust) $h_d = (c_0^2 - c_1^2) : 2g$ ist der Endzustand A' in der Leitschaufel gegeben.

Für die Laufschaufel, die nun in gleicher Weise wirkt wie die Leitschaufel, ist, wenn w_0 die Geschwindigkeit ohne Verluste, wobei die Zuströmgeschwindigkeit $= w_1$,

$$L'' = \frac{w_0^2 - w_1^2}{2g} = \frac{i_s - i_{\cdot}}{A} = \frac{h_t''}{A}$$

und mit

$$w_2 = \psi w_0, \quad w_0 = \frac{w_2}{\psi}$$

ist

$$w_2 = \psi \sqrt{\frac{2g}{A}(i_s - i_0) + w_1^2}$$

oder

$$h_t'' = i_s - i_0 = \frac{A}{2g}\left(\frac{w_2^2}{\psi^2} - w_1^2\right). \tag{44b}$$

Das Gesamtgefälle ist alsdann

$$h_t = h_t' + h_t'' = \frac{A}{2g}\left(\frac{c_1^2}{\varphi^2} - c^2 + \frac{w_2^2}{\psi^2} - w_1^2\right). \tag{44}$$

Wegen der Verluste in der Schaufel (s. S. 85) ist der Endzustand durch A_1 (Abb. 22) gegeben.

Wählt man, wie meist in der Praxis, gleiche Gefällteile für Leit- und für Laufrad, d. h. sogenannten halben Reaktionsgrad $\varepsilon = h_t' : h_t$, also $h_t' = h_t''$, so wird $c_1 = w_2$, $c = c_2 = w_1$ und mit der Annahme $\varphi = \psi$ ergeben sich gleiche Geschwindigkeitsdreiecke für Ein- und Austritt.

Das Gesamtgefälle hat, wenn die Austrittsgeschwindigkeit ausgenutzt wird (also mit Ausnahme der letzten Laufschaufel) die Größe

(44c) $$h_t = \frac{A}{g}\left(\frac{c_1^2}{\varphi^2} - w_1^2\right) \text{ kcal/kg}.$$

Zur Ermittlung des Gefälles der letzten Stufe darf w_1^2 nicht abgezogen werden. Das wirklich ausgenutzte Gefälle ist

(45) $$h_u = i - i_1 = \frac{A}{g}(c_1^2 - w_1^2) = AL_u.$$

Die Leistung am Radumfang von 1 kg Dampf ergibt sich nach Abb. 24 wie für Gleichdruckturbinen zu

$$L_u = \frac{u}{g}(w_{1u} + w_{2u}) \text{ mkg/s/kg}$$

oder aus Gl. (45)

$$L_u = \frac{1}{g}(c_1^2 - w_1^2).$$

b) Der Wirkungsgrad η_u am Radumfang (Gütegrad der Schaufelung) ist

$$\eta_u = \frac{L_u}{L} = \frac{h_u}{h_t} = \frac{c_1^2 - w_1^2}{\frac{c_1^2}{\varphi^2} - w_1^2}$$

und mit (aus dem Kosinussatz (Abb. 25))

$$w_1^2 = c_1^2 + u^2 - 2c_1 u \cos\alpha_1 \text{ und } \zeta = \frac{1}{\varphi^2} - 1$$

(46) $$\eta_u = \frac{2 \cdot \frac{u}{c_1} \cos\alpha_1 - \left(\frac{u}{c_1}\right)^2}{2\frac{u}{c_1} \cdot \cos\alpha_1 - \left(\frac{u}{c_1}\right)^2 + \zeta}.$$

Bei konstantem ζ ist η_u nur vom Verhältnis $u : c_1$ abhängig und ist bei $u = 0$ und $u : c_1 = 0$ auch Null, steigt dann bis zum Höchstwert, der bei verlustloser Arbeit $\eta_u = 1$ würde bei $\frac{u}{c_1} = 1$. Bei Berücksichtigung der Verluste bei stoßfreiem Eintritt erhält η_u den Höchstwert für

(47) $$\frac{u}{c_1} = \cos\alpha_1$$

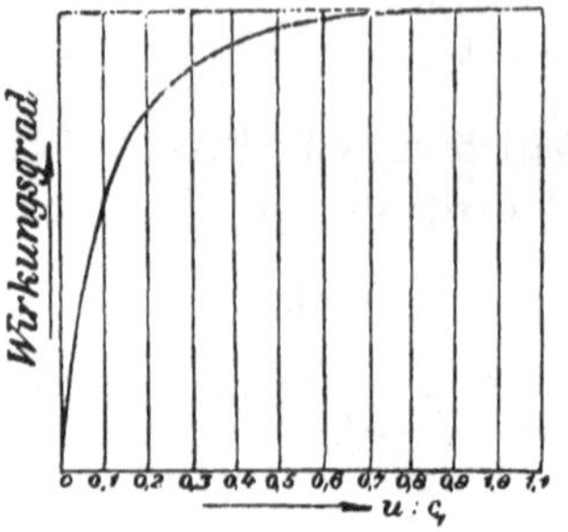

Abb. 26
Verlauf von η_u bei Überdruckturbinen

mit

$$(46a)\quad \eta_{u\,max} = \frac{\cos^2\alpha_1}{\cos^2\alpha_1 + \zeta}.$$

Demnach sind die günstigsten Werte von u/c_1 doppelt so groß als bei Gleichdruckturbinen.

Den Verlauf der Kurve der Wirkungsgrade in Abhängigkeit von $u : c_1$ zeigt Abb. 26 für die Idealturbine.

4. Radialturbinen

Bei diesen ist die Arbeit der Fliehkraft der Dampfteilchen, die nach außen gerichtet ist, zu berücksichtigen; sie verzögert die relative Bewegung bei äußerer und beschleunigt sie bei innerer Beaufschlagung. Ist r der Abstand des Massenteilchens m von der Drehachse bei einer Winkelgeschwindigkeit ω, so ist diese Arbeit auf dem Wege $dr\ mr\omega^2 dr$ und für die ganze Schaufel (Abb. 26) mit $r_1 = D_1 : 2$ und $r_2 = D_2 : 2$, wenn u_1 am Eintritt, u_2 am Austritt aus der Schaufel

$$\int_{r_1}^{r_2} mr\,\omega^2\,dr = \frac{m}{2}(r_2^2\,\omega^2 - r_1^2\,\omega^2) = \frac{m}{2}(u_2^2 - u_1^2)$$

und für 1 kg mit $m = 1 : g$,

$$\frac{u_2^2 - u_1^2}{2g}$$

Die von 1 kg Dampf an das Laufrad abgegebene Leistung ist um diesen Betrag kleiner oder größer, je nach Strömrichtung einwärts ($u_1 > u_2$) oder auswärts ($u_1 < u_2$)

$$L'_u = L_u - \frac{u_2^2 - u_1^2}{2g} = L - \text{Verluste} - \frac{u_2^2 - u_1^2}{2g}.$$

Werden die Verluste nach Gl. (39), (52a) und (53) (s. u.) eingeführt, L durch $c_0^2/2g$ ersetzt und der Kosinussatz auf Abb. 27 angewendet, so erhält man

(48)
$$L = \frac{1}{g}(u_1 w_{1u} + u_2 w_{2u}),$$

und der Wirkungsgrad wird

(49)
$$\eta_u = \frac{2(u_1 w_{1u} + u_2 w_{2u})}{c_0^2}.$$

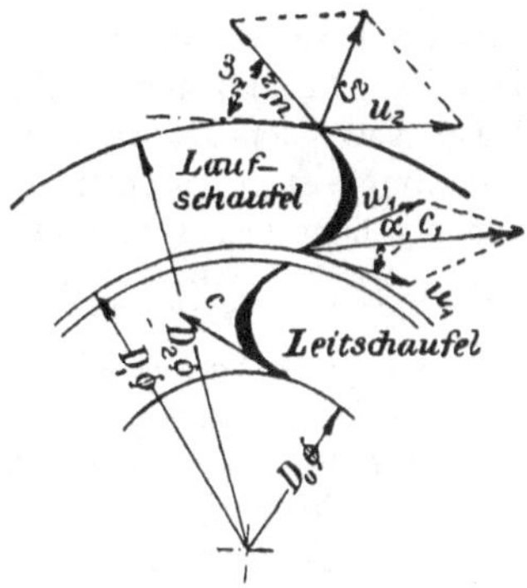

Abb. 27. Radialturbine

5. Gegenlaufturbinen

Diese werden nur als radiale Überdruckturbinen mit auf entgegengesetzt umlaufenden Scheiben befestigten Leit- und Laufschaufeln ausgeführt. Jeder Kranz stellt eine Stufe dar; die absolute Austrittsgeschwindigkeit eines Kranzes ergibt mit der Umfangsgeschwindigkeit u die relative Eintrittsgeschwindigkeit in den folgenden Kranz usf. Der Reaktionsgrad beträgt gewissermaßen 100%. Bei gleicher Umfangsgeschwindigkeit kann bei dieser Art in einem Kranz so viel Wärmegefälle verarbeitet werden, wie in 4 Kränzen einer nicht gegenläufigen Axialturbine.

6. Beziehungen zwischen η_u, u, c_1, D und n

Es war gezeigt, daß der Wirkungsgrad vom Verhältnis u/c_1 abhängt. Liegt die Dampfgeschwindigkeit c_1 durch das Gefälle fest, so muß, um – abgesehen vom übrigen Verlusten (s. Abschnitt III) – den höchsten Wirkungsgrad zu erhalten, $u = c_1 \frac{\cos \alpha_1}{2}$ (Gleichdruck) bzw. $u = c_1 \cos\alpha_1$ (Überdruck) sein, also etwa der halben bzw. der ganzen Dampfgeschwindigkeit (vgl. Abb. 20 und 25); die Umfangsgeschwindigkeit u hängt aber vom Laufraddurchmesser — dem Teilkreisdurchmesser D, im mittleren Stromfaden gemessen — und von der minutlichen Umdrehungszahl n ab, durch die Beziehung $u = \frac{\pi \cdot D \cdot n}{60}$. Für die günstigste Umfangsgeschwindigkeit u ergeben sich meist sehr hohe Werte, z. B. bei $c_1 = 850$ m/s müßte $u \cong 400$ m/s sein, was besonders bei hohen Temperaturen mit Rücksicht auf die Werkstoffbeanspruchung zu hoch ist. Aber auch der Raddurchmesser würde bei vorgeschriebener Drehzahl meist zu groß, z. B. bei $n = 3000$ u/min müßte $D = 2{,}55$ m∅ werden, also eine konstruktiv und wirtschaftlich unzulässige Größe. Es muß deshalb angestrebt werden, u in den richtigen Grenzen zu halten, dabei aber einen günstigen Wirkungsgrad zu erhalten, also ein günstiges Verhältnis u/c_1. Hierzu gibt es folgende Mittel:

B. Mittel zur Verminderung der Umfangsgeschwindigkeit

1. Bei Gleichdruckturbinen

a) Einstufige Turbinen

α) Eine reine Druckstufe, bestehend aus Düse und Laufrad, Abb. 28 u. 29, bei der u den zulässigen Wert nicht überschreitet, wie zuerst von de Laval angewendet, ist nur für kleine Leistungen und kleinem Gefälle anwendbar, wegen der sonst zu hohen Umfanggeschwindigkeit u, die bei dem aus konstruktiven Gründen klein zu haltendem Laufraddurchmesser hohe Umlaufzahl (bis 30000 u/min) erfordert, weswegen nach dem Vorbild von de Laval ein Rädervorgelege eingeschaltet werden muß, um auf die für den direkten Antrieb geeignete Umlaufzahl zu kommen. Dieses Mittel wird neuerdings auch für große Leistungen angewendet, z. B. auch bei

Schiffsturbinen. Abb. 29 zeigt den Druck- und Geschwindigkeitsverlauf.

Ist die günstigste Umfangsgeschwindigkeit jedoch höher als die zulässige oder vorteilhafte, so kann die Umlaufzahl bzw. der Raddurchmesser klein gehalten werden durch Anwendung einer

β) Druckstufe mit Abstufung der Geschwindigkeit. Die dem ganzen Gefälle entsprechende Dampfgeschwindigkeit c_1 wird nur teilweise in den Schaufeln eines Rades ausgenutzt, das eine entsprechend gewählte Umfangsgeschwindigkeit, die nur ein Teil der günstigsten ist, hat; der aus der Laufschaufel tretende Dampf besitzt dann noch eine so hohe Geschwindigkeit, daß er in einer Umlenkschaufel ungefähr in die ursprüngliche Richtung gebracht und in die Schaufeln eines zweiten Rades, gegebenenfalls noch in diejenigen eines dritten, geleitet werden kann, wo der übrige Teil der Dampfgeschwindigkeit ausgenutzt wird (Abb. 30). Meist sind die 2 oder mehr Schaufelkränze auf dem Umfange eines Rades angeordnet — mehrkränziges Rad oder Curtisrad (nach dem Amerikaner Curtis, Abb. 29 und 31). Den Druck- und Geschwindigkeitsverlauf zeigt Abb. 29. Die Umlenkschaufeln sitzen fest im Gehäuse; der Eintrittswinkel derselben muß gleich sein dem Winkel α_2 der absol. Austrittsgeschw. aus dem ersten Kranz, der Austrittswinkel, der dem Winkel α_1 beim ersten Kranz analog ist, muß ent-

Abb. 28. Einstufige Gleichdruckturbine

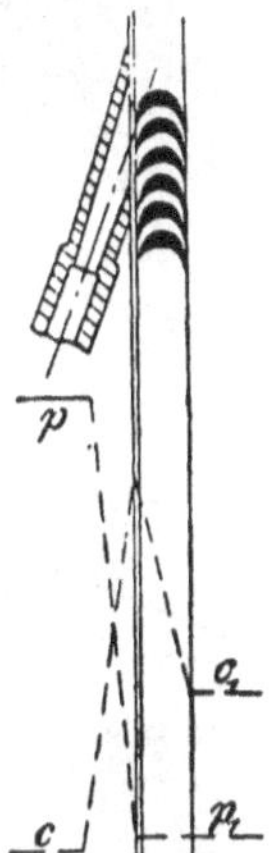

Abb. 29. Druck- und Geschwindigkeitsverlauf

sprechend dem relativen Eintritt in den zweiten Kranz gewählt werden, Abb. 32 (s. Berechnung Teil II). Bezeichnet man die Werte für den ersten Kranz mit I, für den zweiten mit II, so sind die Winkel der Umlenkschaufel $(\alpha_2)_I$ und $(\alpha_1)_{II}$. Die Leistung am Radumfang ist die Summe der Leistungen jeden Kranzes:

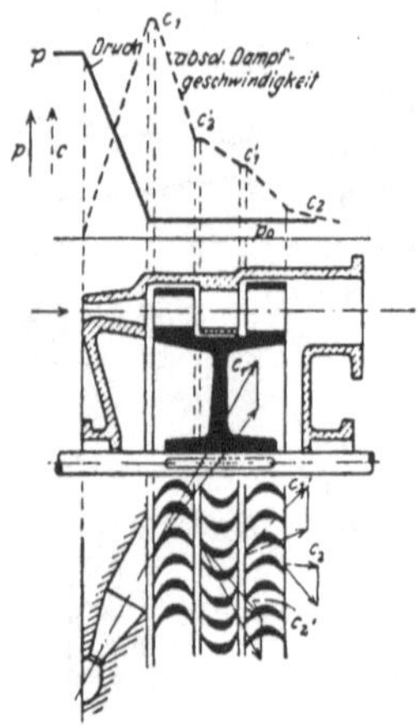

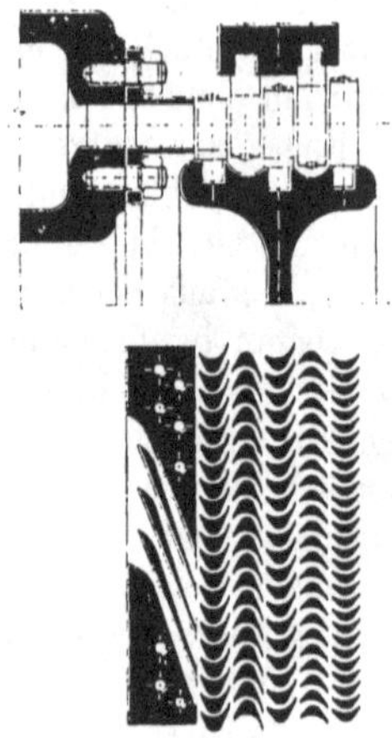

Abb. 30 Abstufung der Geschwindigkeit Abb. 31

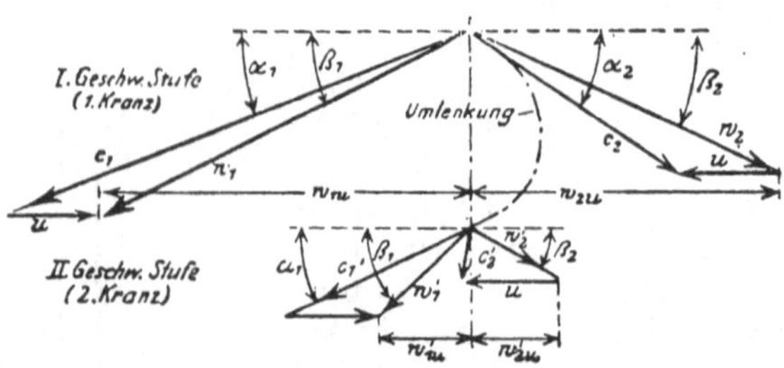

Abb. 32. Abstufung der Geschwindigkeit

$$(50)\quad \begin{cases} L_u = \frac{u}{g}(w_{1u} + w_{2u})_{\mathrm{I}} + \frac{u}{g}(w_{1u} + w_{2u})_{\mathrm{II}} \\ \quad = \frac{u}{g}\left[(w_{1u})_{\mathrm{I}} + (w_{2u})_{\mathrm{I}} + (w_{1u})_{\mathrm{II}} + (w_{2u})_{\mathrm{II}}\right]. \end{cases}$$

Eine andere Ausführung ist die Umlenkung des Strahles derart, daß er in denselben Schaufelkranz von der anderen Seite zurückgeleitet wird — wiederholte Beaufschlagung —, wie sie Abb. 33 für eine Axialturbine (Kienast) zeigt. Ein- und Austrittswinkel der Laufschaufel sind gleich.

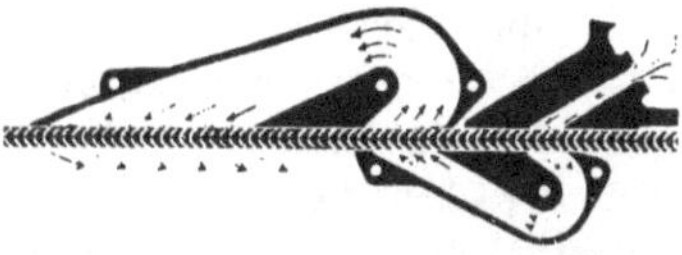

Abb. 33. Wiederholte Beaufschlagung

Es ist einleuchtend, daß bei der Geschwindigkeitsabstufung größere Verluste auftreten als bei der reinen Druckstufe, wegen der Umlenkung des Strahles in der Umleitvorrichtung, was in noch größerem Maße der Fall ist bei der wiederholten Beaufschlagung, wegen der viel schärferen Umlenkung und des längeren Dampfweges. Die verschiedenen Wirkungsgrade für eine reine Druckstufe sowie für ein zwei- und für ein dreikränziges Rad zeigt Abb. 34, und zwar je für 10°, 17° und 25° Düsen-

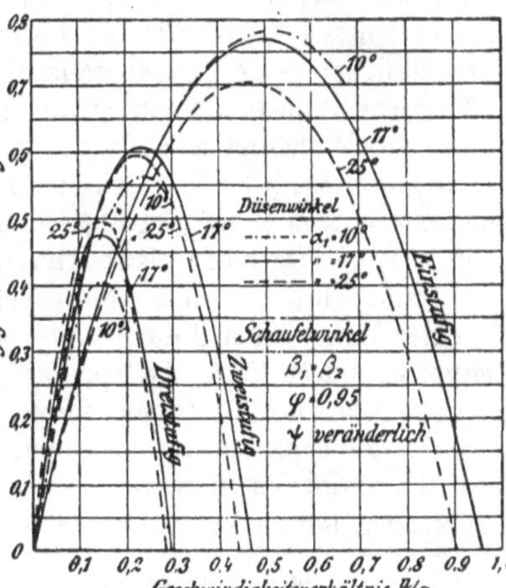

Abb. 34. Wirkungsgrade

winkel und für gleiche Ein- und Austrittswinkel der Schaufeln[1]). Wie ersichtlich, ist bei einstufiger Ausführung der Wirkungsgrad bei $\alpha_1 = 10^0$ am besten, bei $\alpha_1 \cong 25^0$ am schlechtesten, bei zweistufiger bei 17^0 am besten, bei 10^0 am schlechtesten und bei drei Geschwindigkeitsstufen bei 20^0 am besten, bei 10^0 am schlechtesten. Der Höchstwert liegt bei $u/c_1 = 0{,}45 \div 0{,}48$ bzw. $0{,}22 \div 0{,}25$ bzw. $\sim 0{,}15$; die günstigste Umfangsgeschwindigkeit ist demnach bei zwei Geschwindigkeitsstufen etwa die Hälfte, bei drei Stufen etwa ein Drittel derjenigen ohne Geschwindigkeitsstufung. Geschwindigkeitsabstufung wird vielfach angewendet bei kleinen Turbinen wegen der Einfachheit und Billigkeit, bei größeren wegen verschiedener anderer Vorteile (s. Radreibungsverlust S. 90), welche die schlechteren Wirkungsgrade aufwiegen.

b) Mehrstufige Turbinen

α) Reine Druckstufung. Die Herabsetzung der Umfangsgeschwindigkeit u auf einen durch Umlaufzahl n und Raddurchmesser bestimmten Wert kann auch noch erfolgen durch Teilung des Gesamtgefälles in mehrere Druckstufen, so daß für jede Stufe die Dampfgeschwindigkeit c_1 nur einen dem günstigsten Verhältnis $u : c_1$ entsprechenden Wert erhält. Im Leitapparat einer jeden Stufe wird ein Teil des Gesamtgefälles, von p auf p_1, von p_1 auf p_2 usf. in Geschwindigkeit umgesetzt (Abb. 35) und ausgenutzt, bis das ganze Gefälle aufgezehrt ist. Jede Stufe arbeitet demnach wie eine reine Druckstufe; die einzelnen Kammern sind durch Zwischenwände, in denen die Leitvorrichtungen sitzen (Leitapparate, Leiträder), voneinander getrennt (Abb. 36) und müssen gegeneinander abgedichtet werden. Die Abbildung zeigt den Schnitt durch die Schauflung. Neuerdings wird von der zweiten Stufe an volle Beaufschlagung angewendet, um die Ventilationsverluste (s. d.) zu vermeiden

[1]) Stodola, Die Dampf- und Gasturbinen.

und die Austrittsgeschwindigkeit in der folgenden Stufe ausnutzen zu können. Da die erste Stufe nicht voll beaufschlagt wird, wird zwischen dieser und der zweiten Stufe ein größerer Zwischenraum nötig nach Abb. 37.

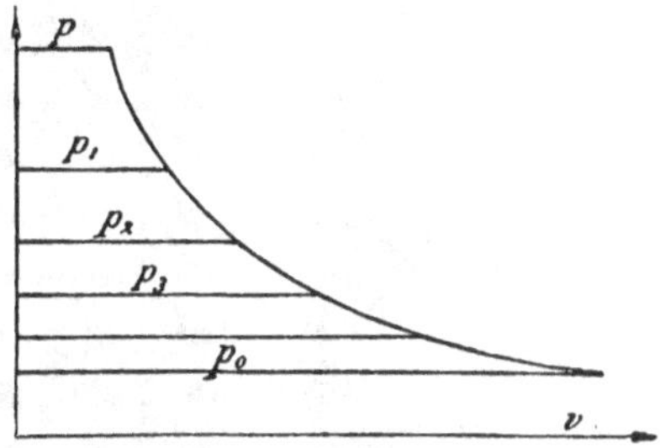

Abb. 35. Druckstufung

Wird in den einzelnen Stufen das kritische Druckverhältnis nicht überschritten, so können parallelwandige Leitkanäle ausgeführt werden nach Abb. 37, die auch den Druck- und Geschwindigkeitsverlauf zeigt. Die Geschwindigkeit in den Stufen ist wachsend angenommen, was zweckmäßig sein kann, um kleinere Schaufellängen zu erhalten bei zunehmendem Raddurchmesser. Es kann aber auch in allen Stufen gleiches Gefälle angenommen werden, also auch gleiche Geschwindigkeiten c_1.

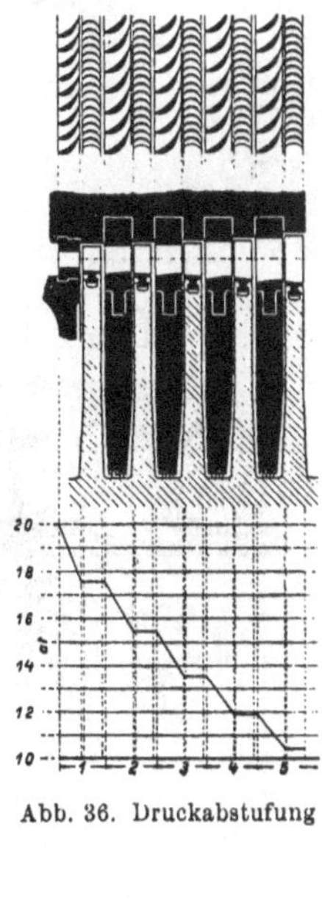

Abb. 36. Druckabstufung

Häufig wird jedoch das Gefälle der ersten Stufe als Regelstufe größer gewählt, als für die folgenden Stufen, um geringeren Druck im Gehäuse, dadurch kleinere Verluste durch Radreibung und durch die Stopfbüchse zu erhalten, wobei man bestrebt sein wird, die Austrittsgeschwindigkeit in der folgenden Stufe möglichst voll

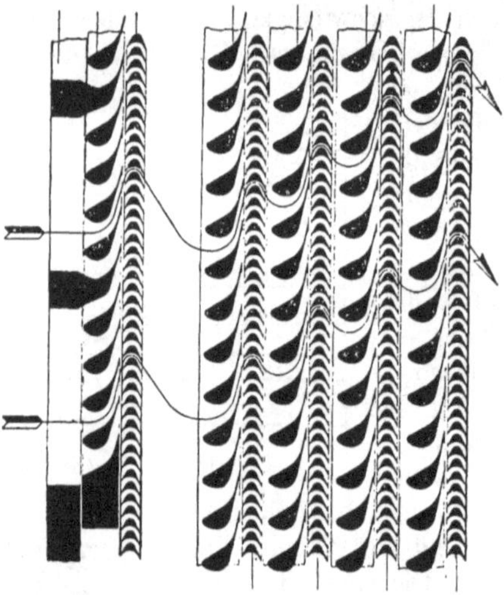

Abb. 37. Druckstufung

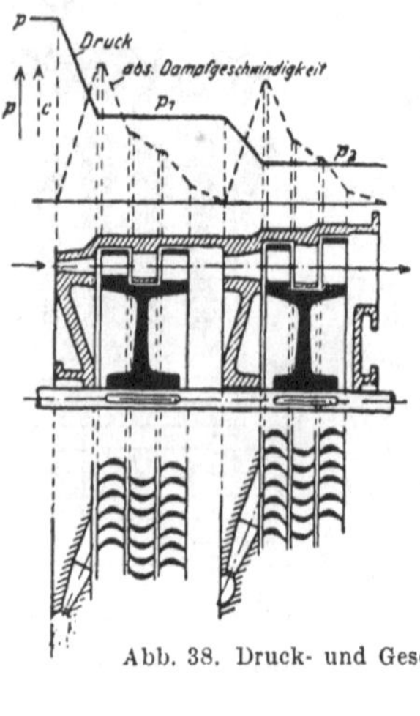

Abb. 38. Druck- und Geschwindigkeitsstufung

auszunutzen (s. S. 64) durch zweckmäßige Führung des Dampfstrahles.

β) Druck- und Geschwindigkeitsstufung durch Teilung des Gesamtgefälles in mehrere Druckstufen (wie b, α) von denen jede mit Geschwindigkeitsstufung arbeitet (wie a, β), Abb. 38 (2 Druckstufen je mit 2 Geschwindigkeitsstufen), die auch den Druck- und Geschwindigkeitsverlauf zeigt.

Vielfach wird von den Druckstufen nur die Hochdruc stufe mit Geschwindigkeitsstufung ausgeführt, die w teren Stufen sind reine Druckstufen.

Abb. 39 zeigt den Schnitt durch eine solche Schaufelu sowie den Druck- und Geschwindigkeitsverlauf. Die erste Stı verarbeitet ein größeres Gefälle – kleinerer Druck im Gehäu

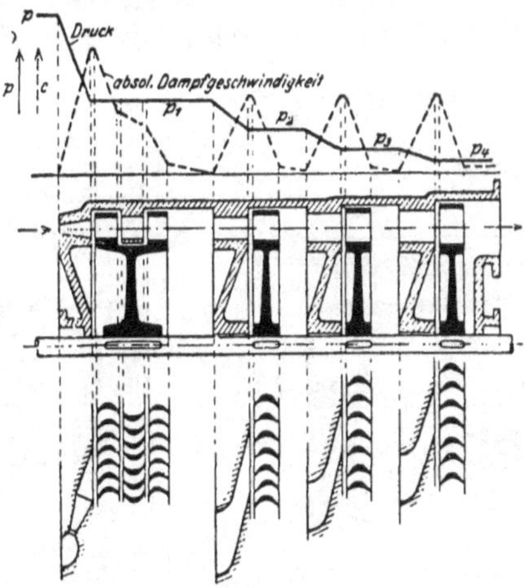

Abb. 39. Geschwindigkeits-Druckstufenanordnung

tiefere Temperatur, geringere Verluste. Es werden dadur auch weniger reine Druckstufen erforderlich, die Turbine wi billiger und kürzer.

2. Bei Überdruckturbinen

Einstufige Überdruckturbinen werden wegen der erf derlichen großen Umfangsgeschwindigkeit ($u = c_1 \cos\alpha_1$) u wegen der dadurch bedingten Unausführbarkeit der voll Beaufschlagung bei kleinerer Leistung nicht ausgeführt. U u in praktischen Grenzen zu halten, müssen sehr viele Druc stufen angewendet werden — Abb. 40 zeigt nur einige —, in jeder derselben wird das Gefälle der Stufe teils in der Leitschaufel, teils in der Laufschaufel in Geschwindigkeit umgesetzt. Bei halbem Reaktionsgrad (s. S. 66) haben Leit- und Laufschaufel die gleiche Form des Profils. Den Druck- und Geschwindigkeitsverlauf zeigt Abb. 41. Die große Anzahl der erforderlichen Druckstufen bedingt eine große Baulänge der

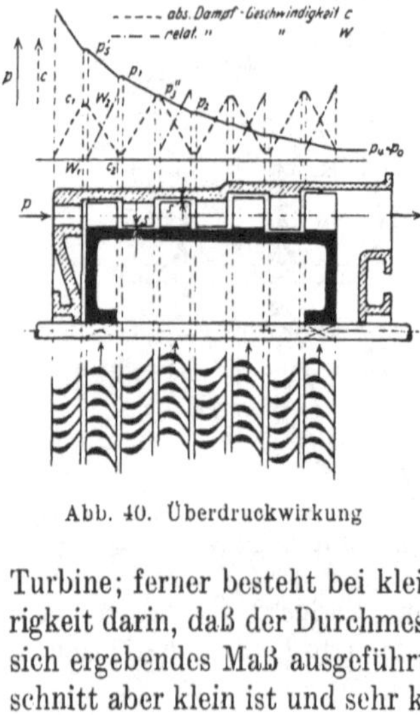

Abb. 40. Überdruckwirkung

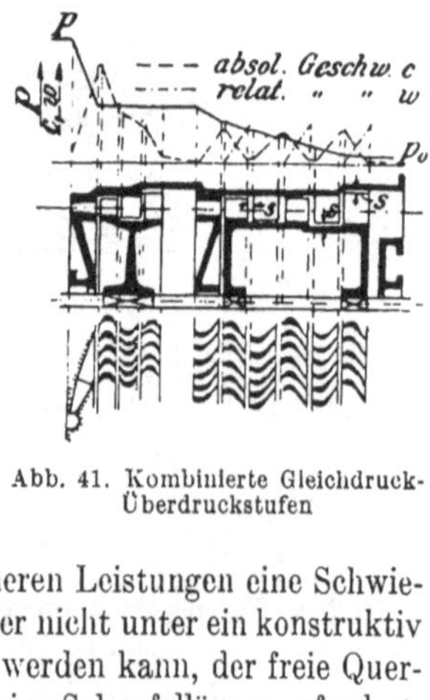

Abb. 41. Kombinierte Gleichdruck-Überdruckstufen

Turbine; ferner besteht bei kleineren Leistungen eine Schwierigkeit darin, daß der Durchmesser nicht unter ein konstruktiv sich ergebendes Maß ausgeführt werden kann, der freie Querschnitt aber klein ist und sehr kleine Schaufellängen erfordert, wodurch der Spalt zwischen Schaufel und Gehäuse bzw. Trommel im Vergleich zur Schaufel groß wird und große Undichtheitsverluste nach sich zieht. Um diesen Nachteil zu vermeiden, wird jetzt zumeist eine

3. Kombination von Gleichdruck- und Überdruckstufen angewendet, bei welcher der Hochdruckteil als Gleichdruckstufe — meist eine Druckstufe mit Geschwindigkeits-

abstufung, wie b, α –, der Niederdruckteil als reine Überdruckstufen ausgeführt wird (Abb. 41). Die Hochdruckstufe kann dann teilweise beaufschlagt und Mengenregelung (siehe Bd. III) angewendet werden, Druck und Temperatur sind im Gehäuse geringer, die Schaufeln der ersten Überdruckstufen werden wegen des größeren Volumens genügend lang, es können mehr Stufen ausgeführt werden, wobei die Baulänge eher kleiner wird als bei Turbinen mit reinen Überdruckstufen. Abb. 41 zeigt auch den Druck- und Geschwindigkeitsverlauf. Ferner werden auch Kombinationen angewendet, bei denen der Hochdruckteil mit mehreren Druckstufen als Gleichdruck-, der übrige Teil als Überdruckturbine ausgebildet ist, s. Bd. III.

4. Vergleich zwischen Gleichdruck- und Überdruckturbinen

Bei Gleichdruckturbinen herrscht zu beiden Seiten der Laufräder der gleiche Druck, sie haben demnach keinen Axialschub durch Druckdifferenzen in jeder Stufe[1]), während bei den Überdruckturbinen der Spaltüberdruck einen bedeutenden Axialschub erzeugt, der durch besondere, auf dem rotierenden Teile sitzende Ausgleichsscheiben oder durch entgegengesetzte Stromrichtung in Hochdruck- und Niederdruckteil aufgehoben werden muß; durch die Ausgleichkolben wird die Baulänge etwas größer. Bei Gleichdruckturbinen kann somit der radiale Spalt am Schaufelkopf genügend groß sein, da dort keine Undichtheitsverluste (s. S. 93) auftreten. Dagegen müssen die Leitradscheiben an den Radnaben die einzelnen Druckstufen gegeneinander abdichten, jedoch ist der Durchmesser klein, der Spalt kann bei entsprechender Ausführung der Dichtung

[1]) Das gilt jedoch nur bei reinem Gleichdruck; falls die Turbine mit etwas Reaktion – 10 bis 15 % – ausgelegt war und bei Überlast, entsteht auch bei Gleichdruck ein Axialschub. Gute Strahlführung verlangt dann kleine Axialspiele zwischen Leit- und Laufschaufel.

klein sein, da selbst bei vorübergehendem Streifen keine Bruchgefahr oder unzulässige Erwärmung eintritt.

Bei Überdruckturbinen müssen wegen des Spaltüberdruckes die radialen Spalte *s* (Abb. 40) zwischen Laufschaufel Kopf und Gehäuse sowie zwischen Leitschaufel und Trommel möglichst klein gehalten werden, um das Abströmen des Dampfes – also ohne Arbeitsleistung – zu verringern. Der Verlust ist um so größer, je größer das Verhältnis von Spalt zu Schaufellänge ist. Dieser Spalt darf aber wegen der Gefahr des Streifens der Schaufeln am Gehäuse bzw. an der Trommel nicht zu klein sein, zumal die verschiedene Wärmedehnung von Gehäuse und Trommel den Spalt, besonders beim Anfahren verengt. Um dieses zu vermeiden, sind mit Erfolg „atmende Einbauten" nach Röder (s. Bd. II) angewendet worden.

Bei Gleichdruckturbinen ist teilweise Beaufschlagung möglich, die vorteilhaft sein kann, wegen der Wahl geeigneter Schaufellängen und der Regelung (s. Bd. III). Überdruckturbinen müssen voll beaufschlagt sein, wegen des Spaltüberdruckes; dadurch ergeben sich aber in den Hochdruckstufen, besonders bei kleineren Leistungen, häufig Schwierigkeiten, infolge zu kleiner Schaufellängen (dadurch große Undichtheitsverluste, s. oben) und überdies wird wegen der geringen Umfangsgeschwindigkeit und der dadurch kleinen Stufengefälle die Stufenzahl, also die Baulänge groß. Andererseits vermeidet volle Beaufschlagung die „Ventilationsverluste" (s. S. 90), und es kann die Austrittsgeschwindigkeit in der folgenden Stufe noch verwertet werden, was bei Überdruckturbinen leicht möglich ist, aber auch bei Gleichdruckturbinen (s. Austrittsverluste S. 88) neuerdings angestrebt wird.

Bei Gleichdruckturbinen, besonders durch Geschwindigkeitsabstufung, kann ein größeres Gefälle in jeder Stufe verwertet werden, es ergeben sich dadurch weit weniger Stufen und im Gehäuse kleinere Drücke und tiefere Temperaturen als bei reinen Überdruckturbinen. Denselben Vorteil haben die kombinierten Gleichdruck-Überdruckturbinen.

Geschwindigkeitsabstufung hat zwar einen schlechteren Wirkungsgrad η_u als reine Druckstufung (S. 74), doch wird bei ersterer der Reibungsverlust der Radscheiben (wegen des kleineren Durchmessers und des tieferen Dampfdruckes) (S. 90) kleiner, so daß der Gesamtwirkungsgrad bei kleineren Turbinen – etwa bis 400 PS – bei Geschwindigkeitsabstufung höher wird. Deshalb ist Geschwindigkeitsabstufung für kleine Leistungen geeignet. Reine Überdruckturbinen sind für kleinere Leistungen wegen der geschilderten Schwierigkeiten und auch wegen der Baulänge ungeeignet.

5. Die Einteilung der Dampfturbinen

a) Nach der Wirkungsweise des Dampfes und der Bauart kann, entsprechend den Mitteln zur Verminderung der Umfangsgeschwindigkeit, die Einteilung in folgender Weise vorgenommen werden.

A. Gleichdruckturbinen

1. Einstufige (Einkammer-)Turbinen:

a) eine reine Druckstufe (de Laval), nur ausführbar, wenn die Umfangsgeschwindigkeit u die durch Festigkeitsrücksichten gesetzte Grenze nicht überschreitet;

b) eine Druckstufe mit 2 oder mehr Geschwindigkeitsabstufungen, als mehrkränzige Räder (Curtis) oder mit wiederholter Beaufschlagung desselben Kranzes, radial (Elektra) oder axial (Kienast), für Kleinturbinen, auch häufig bei Gegendruckturbinen (S. 82), meist angewendet.

Die Turbinenarten a) und b) erhalten als Leitvorrichtung Düsen.

2. Mehrstufen-(Mehrkammer-)Turbinen:
   a) reine Druckstufen, die Leitvorrichtungen sind Leitkanäle ohne Erweiterung; angewendet bei den Systemen von Zoelly und Rateau;
   b) Druckstufen je mit Geschwindigkeitsabstufung, also jede Druckstufe wie 1. b), somit Düsen als Leitvorrichtung; System Curtis;
   c) Vereinigung der Arten a) und b): Hochdruckteil eine Druckstufe mit Geschwindigkeitsabstufung (Düse), Niederdruckteil reine Druckstufen (Leitkanäle); jetzt vielfach angewendete Bauart.

B. Überdruckturbinen

Viele reine Druckstufen — System Parsons; die Leitvorrichtung besteht aus Schaufeln derselben Art, wie die Laufschaufeln. Reine Überdruckstufen werden jetzt nur bei der radialen Ljungströmturbine ausgeführt.

C. Kombinierte Gleichdruck-Überdruckturbinen: der Hochdruckteil eine Gleichdruckstufe eventuell mit Geschwindigkeitsstufung, als Regelstufe oder mehrere Gleichdruckstufen, der Niederdruckteil Überdruckstufen. Diese Bauart wird meist den Überdruckturbinen zugeteilt, da sie aus den reinen Überdruckturbinen entstanden ist.

b) Nach den Betriebsverhältnissen können noch unterschieden werden:

Kondensationsturbinen, wenn der Abdampf nicht verwertet werden kann und möglichst gute Wärmeausnutzung erreicht werden soll.

Gegendruckturbinen mit höherem Enddruck, zwecks Verwendung des Abdampfes zum Heizen, Kochen, Trocknen, wenn dazu die ganze der Leistung entsprechende Dampfmenge gebraucht wird.

Entnahme-(Anzapf-)Turbinen, bei denen nur ein Teil der ganzen Dampfmenge für genannte Zwecke aus einer Stufe mit dem gewünschten Druck entnommen werden kann, die übrige Dampfmenge arbeitet in den anderen Stufen weiter; angewendet, wenn weniger Dampf gebraucht wird als der Leistung entspricht oder wenn die benötigte Menge schwankt. Wird Dampf mit verschiedenen Drücken benötigt, so werden Zweifach-Entnahme-Kondensations- oder Entnahme-Gegendruck-Turbinen verwendet.

Turbinen mit gesteuerter Entnahmemenge bei gleichbleibendem Druck bezeichnet man als Entnahmeturbinen, solche mit schwankendem Druck ohne Steuerung desselben sind Anzapfturbinen.

Abdampf-(Niederdruck-)Turbinen zur Verwertung von etwa zur Verfügung stehendem Abdampf anderer Maschinen (Dampfhämmer, Fördermaschinen u. a.), da Turbinen hohes Vakuum wirtschaftlich ausnutzen können.

Frischdampf-Abdampf-(Zweidruck-)Turbinen, die ebenfalls Abdampf verwerten, aber bei ungenügender oder stark schwankender Menge desselben im vorgeschalteten Hochdruckteil Frischdampfzusatz erhalten, damit die erforderliche Leistung unabhängig ist von der Abdampfmenge.

Dritter Abschnitt

Verluste, Leistung, Wirkungsgrade

A. Verluste

1. Beim Hindurchströmen des Dampfes durch die Turbine treten verschiedene Verluste auf a) innere: durch Reibung des Dampfes in den Leitvorrichtungen und Laufschaufeln, durch Stoß, Wirbel, die sich in Verminderung der Geschwindigkeit äußern, ferner Austrittsverluste, Radscheibenreibungs- und

Ventilationsverluste, die einen Teil der Leistung aufzehren; Stopfbüchsen-, Spalt- und Undichtheitsverluste, sie erscheinen mit Ausnahme des Stopfbüchsenverlustes im Mollier-Diagramm als Erhöhung des Wärmeinhaltes, und b) äußere: mechanische Verluste durch die Lager- und Stopfbüchsenreibung und endlich Strahlungs- und Wärmeleitungsverluste, die nicht im is-Diagramm nachweisbar sind. Nach Berücksichtigung aller dieser Verluste verbleibt die Nutzleistung an der Welle. Durch den Kraftbedarf der Kondensation, bei der Übertragung der Leistung auf die angetriebenen Maschinen und in diesen selbst treten weitere Verluste auf, die jedoch als außerhalb der Turbine liegende hier nicht mit betrachtet werden.

2. Die Düsenverluste h_d, allgemein auch Leitradverluste genannt, entstehen durch Reibung des Dampfstrahles an den Wandungen der Leitvorrichtung und ergeben einen Energie- und Geschwindigkeitsverlust, der von der Beschaffenheit der Wandungen, von der Form, jedoch kaum von der Geschwindigkeit abhängig ist. Näheres hierüber und über die Berechnung bereits früher S. 45 erwähnt. Danach war der Düsenverlust (Gl. (39))

$$L_d = \frac{c_0^2 - c_1^2}{2g} = \frac{c_0^2}{2g}(1 - \varphi^2) = \zeta\,\frac{c_0^2}{2g} = \frac{h_d}{A}\ \text{mkg/kg}$$

$$h_d = A L_d = A\,\frac{c_0^2}{2g}(1 - \varphi^2) = i_1 - i_0\ \text{kcal/kg}.$$

Der Düsenverlust kann von Endpunkt A_0 der adiabatischen Expansion im is-Diagramm (Abb. 8 u. 43) nach oben abgetragen werden, dadurch erhält man $i_1 = i_0 + h_d$ und den Endpunkt A_1 des wirklichen Ausflusses. Die wirklich erreichte Geschwindigkeit ist dann $c_1 = \varphi c_0$, wobei der Geschwindigkeitskoeffizient φ nach Versuchen und Erfahrungen je nach der Rauheit der Wandungen $\varphi = 0{,}94$ bis $0{,}97$ anzunehmen ist (s. Ausführungen Bd. II).

3. Der Schaufelverlust h_s äußert sich ebenfalls in Energie- und Geschwindigkeitsverlust; die Ursache ist zum Teil die gleiche wie beim Düsenverlust, jedoch ist noch die Richtungsänderung und der Stoß des Strahles auf die Schaufel von großem Einfluß. Der gesamte Schaufelverlust setzt sich aus folgenden Einzelverlusten zusammen:

a) Reibungsverlust, der abhängig ist von der Schaufelbeschaffenheit und von der Länge des Dampfweges in der Schaufel, den man deshalb so kurz macht, wie es andere Rücksichten zulassen.

b) Stoßverlust; derselbe entsteht erstens durch das Auftreffen des Dampfstrahles auf die Schaufeleintrittskante und kann durch Zuschärfen dieser Kante vermindert werden, zweitens aber dadurch, daß die Richtung der Tangente an die Schaufelkrümmung, die den Winkel δ (Abb. 41) bildet, nicht mit der relativen Strahlrichtung — Winkel β_1 — zusammenfällt; denn der Strahl darf keinesfalls auf den Schaufelrücken treffen, da er dann die Bewegung hindernd wirken würde; deswegen wird der Schaufeleintrittswinkel β am Rücken etwas größer ausgeführt als der Winkel β_1 der relativen Dampfgeschwindigkeit w_1. Dadurch und wegen der Schaufelform wird aber der erwähnte Tangentenwinkel nicht unwesentlich von der Strahlrichtung abweichen, die Folge ist ein Stoß auf die innere Schaufelkrümmung. Wird w_1 in 2 Komponenten zerlegt (Abb. 41): die eine, w, in der Richtung der Tangente, die andere w_{st} senkrecht dazu, so ist w_{st} die Stoßkomponente auf die Schaufelwand, sie wirkt zwar fördernd und der Stoß ist elastisch, jedoch wird dadurch die relative Dampfgeschwindigkeit von w_1 auf w verringert, die im Geschwindigkeitsplan berücksichtigt werden kann; meist aber ist die Abnahme der Geschwindigkeit nicht bedeutend und wird im Geschwindigkeitskoeffizienten (s. u.) berücksichtigt.

c) Wirbelverluste, die erstens an den Austrittskanten der Leitvorrichtungen infolge der „Stromschatten" entstehen, zweitens aber durch die Streuung des Strahles in Richtung der Schaufellänge, denn wegen nicht zu umgehender Ungenauigkeiten in der Ausführung muß, um den Dampfstrahl voll in die Laufschaufel zu leiten, die Schaufelhöhe (Länge) etwas größer sein als die Höhe des Austrittsquerschnittes der Leitvorrichtung; dadurch sind an den Schaufelenden von Dampf nicht ausgefüllte Räume, in die der Dampf hineinwirbelt.

d) Umlenkungsverlust, der durch die Reibung im Dampfstrahl selbst entsteht, infolge der durch die Strahlkrümmung verschiedenen Geschwindigkeiten in den einzelnen Stromfäden und des Druckunterschiedes in einzelnen Teilen des Strahlquerschnittes – etwa der Seilreibung beim Biegen eines Seiles vergleichbar. Infolge der Fliehkraft in bezug auf den Schaufelkrümmungsmittelpunkt wird der Strahl an der Schaufelhohlfläche zusammengedrückt – Verdichtung, während auf der Rückenseite eine Verdünnung eintritt. Der Vorgang im Strahl ist sehr verwickelt, die Verluste können beträchtlich sein und überwiegen jedenfalls die anderen Verluste. Auch die Strahldicke e (Abb. 41) ist von Einfluß. Versuche von Briling (s. Literatur) ergaben die günstigsten Ergebnisse bei einer Strahldicke gleich dem halben Krümmungsradius

$$e = \frac{r}{2}.$$

Dann ist die günstigste Teilung

$$(51) \qquad t = \frac{e}{\sin \beta_1} = \frac{r}{2 \sin \beta_1}.$$

Die Versuche zeigten auch, daß die Verluste mit wachsendem Umlenkungswinkel $\gamma = 180 - \beta_1 - \beta_2$ (Abb. 42) zunahmen. Ferner ist der Krümmungsradius r von Einfluß; die Verluste nehmen mit steigendem r ab. Je größer aber r bei festgelegten Schaufelwinkeln, um so größer wird die Schaufelbreite b und damit auch der Reibungsweg; jedoch überwiegt der günstige Einfluß des größeren Krümmungshalbmessers.

Dieses bestätigen auch Versuche von **Banki** (Z. f. d. ges. Turbw. 1906), während eine Abhängigkeit von der Geschwindigkeit nicht zweifelsfrei nachgewiesen ist. Jedenfalls sind die Verluste um so kleiner, je sanfter und allmählicher die Krümmung, also je größer bei gleichem Umlenkungswinkel (der durch die Schaufelwinkel festliegt) r und b.

Die erwähnten Verluste sind einzeln nicht genau bestimmbar, da sie stets gleichzeitig auftreten, sie werden deshalb zusammen als **Schaufelverlust** betrachtet und im **Geschwindigkeitskoeffizienten** ψ zusammengefaßt. Die relative Geschwindigkeit nimmt in der Schaufel ab von w_1 auf

(52) $$w_2 = \psi w_1.$$

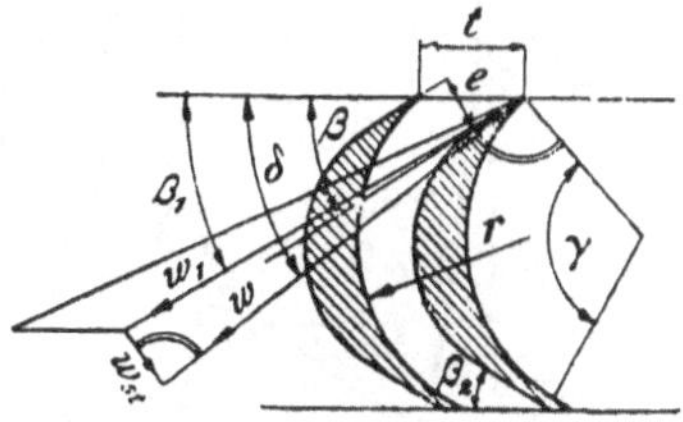

Abb. 42. Verluste in der Schaufel

Den Geschwindigkeitskoeffizienten ψ kann man zweckmäßig in Abhängigkeit vom Umlenkungswinkel, also von den Schaufelwinkeln β_1 und β_2 angeben, bei größtmöglichem r für gegebene Schaufelbreite b. Folgende Zahlentafel gibt Werte des Geschwindigkeitskoeffizienten ψ bezogen auf das Mittel aus den Schaufelwinkeln:

$\frac{\beta_1 + \beta_2}{2} =$		10°	15°	20°	25°	30°	40°	50°	60°	70°
$\psi =$	von	0,71	0,78	0,815	0,84	0,87	0,90	0,92	0,935	0,945
	bis	0,77	0,82	0,85	0,875	0,895	0,92	0,94	0,95	0,96

Der Schaufelverlust ist nun

(52a) $$h_s = AL_s = A\,\frac{w_1^2 - w_2^2}{2g} = A\,(1 - \psi^2)\,\frac{w_1^2}{2g}.$$

Trägt man den Schaufelverlust im is-Diagramm (Abb. 43) vom Punkte A_1, also vom Wärmeinhalt i_1, nach oben ab, so erhält man auf dem Druck p_0 den Punkt A_2, als Zustand am Schaufelaustritt mit dem Wärmeinhalt $i_2 = i_1 + h_s$.

Bei Gleichdruckturbinen mit Geschwindigkeitsabstufung kommen noch die Verluste in den Umleitschaufeln h_{us} und in den anderen Schaufelkränzen h_{2s}, h_{3s} usw. hinzu, die ganz analog den besprochenen sind und eine weitere Erhöhung des Wärmeinhaltes nach sich ziehen (s. Bd. II, Düsenwinkel).

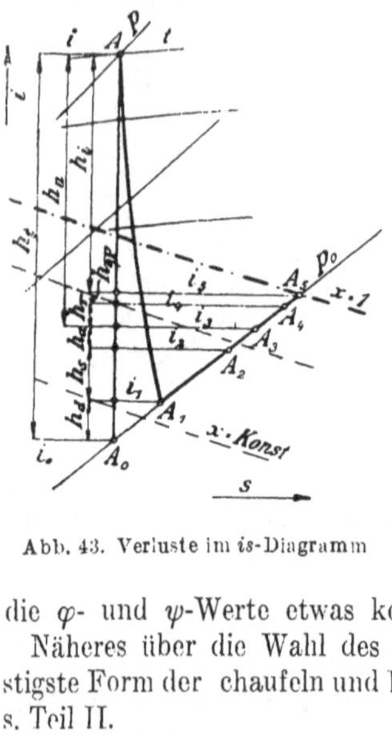

Abb. 43. Verluste im *is*-Diagramm

Die vorerwähnten Schaufelverluste sind auch für Überdruckturbinen an sich dieselben, sie sind jedoch infolge der flachen Dampfbahn wesentlich geringer, d. h. der ψ-Wert höher, es tritt eine Abnahme der relativen Geschwindigkeit ein, doch wird durch die Expansion in der Laufschaufel natürlich w_2 größer sein als w_1.

Bei Gleichdruckturbinen, besonders bei Geschwindigkeitsstufung kann durch leichte Reaktion der Geschwindigkeitsverlust durch die φ- und ψ-Werte etwas kompensiert werden.

Näheres über die Wahl des Austrittswinkels β_2, die günstigste Form der chaufeln und Bestimmung der Schaufellänge s. Teil II.

4. Der Austrittsverlust h_a. Da der Dampf noch mit einer gewissen Geschwindigkeit c_2 aus der Schaufel austreten muß, bzw. aus dem letzten Schaufelkranz bei Geschwindigkeitsabstufung, und diese Geschwindigkeit im betrachteten Laufrade nicht mehr ausgenutzt werden kann, so ist die Energie

$L_a = \frac{c_2^2}{2g}$ verloren und der Austrittsverlust ist

$$h_a = A\frac{c_2^2}{2g}. \tag{53}$$

Die Geschwindigkeit c_2 kann nun entweder durch Wirbel vernichtet werden, sie wird in Wärme — h_a kcal/kg — zurückverwandelt und erhöht den Wärmeinhalt auf $i_3 = i_2 + h_a$, so daß im is-Diagramm (Abb. 43) durch Abtragen von h_a zu i_2 der Zustand durch A_3 gegeben ist. Oder aber es kann die Geschwindigkeit c_2 bei Mehrstufenturbinen in der folgenden Leitvorrichtung zur Erhöhung der Ausflußgeschwindigkeit c_0 ausgenutzt werden; c_2 entspricht dann der Anfangsgeschwindigkeit c, und es ist nach Gl. (29), S. 38

$$c_0 = \sqrt{2g\frac{h_t}{A} + c_2^2} \text{ m/s.}$$

Bei teilweiser Beaufschlagung muß angenommen werden, daß die ganze Austrittsgeschwindigkeit c_2 durch Stoß und Wirbel vernichtet wird, also die Anfangsgeschwindigkeit im folgenden Leitrad vernachlässigbar klein ist, so daß

$$c_0 = \sqrt{2g\frac{h_t}{A}} = 91{,}5\sqrt{h_t} \text{ m/s}$$

ist. Es wird aber durch c_2 der Wärmeinhalt erhöht und dadurch indirekt ein Teil des Verlustes im folgenden Leitrad wiedergewonnen.

Bei Gleichdruckturbinen mit voller Beaufschlagung, wie sie jetzt angestrebt wird, kann fast die ganze Geschwindigkeit c_2 im folgenden Leitapparat direkt verwertet werden, da der Leitapparat von der vorhergehenden Laufschaufel nur soweit wie aus konstruktiven Gründen erforderlich entfernt ist, es sei denn, daß ein Sprung in den Durchmessern erforderlich ist.

Bei Überdruckturbinen, die stets voll beaufschlagt sein müssen, wird wegen der geringen Entfernung der Leitschaufel von der vorhergehenden Laufschaufel die Austrittsgeschwindigkeit c_2 stets fast vollständig verwertet werden können. Für die betrachtete Stufe ist aber deren Austrittsgeschwindigkeit stets ein Verlust.

Düsen-, Schaufel- und Austrittsverlust sind die inneren Verluste der Schaufelung und ergeben, von der verfügbaren Leistung $L = \frac{h_t}{A}$ abgezogen, die Leistung L_u am Radumfang. Diese Verluste sind bei der Berechnung der Leistung L_u aus den Geschwindigkeitsplänen schon berücksichtigt. Im *is*-Diagramm (Abb. 43) ist

$$h_u = A L_u = h_t - (h_d + h_s + h_a). \tag{54}$$

5. Radreibungs- und Ventilationsverlust, ersterer hervorgerufen durch die Reibung der rotierenden Radscheiben und Trommeln im Dampf, letzterer durch das Wirbeln des Dampfes infolge der Ventilatorwirkung der Schaufeln.

a) Gleichdruckturbinen. Die Radreibungsarbeit $L_r = h_r : A$ ist von der Größe der bewegten Fläche, also vom Raddurchmesser, von der Beschaffenheit der Fläche, von der Geschwindigkeit, also von der Umlaufzahl, und von der Dichte des umgebenden Mediums abhängig. Die Abhängigkeit ist durch Versuche ermittelt, die von verschiedener Seite ausgeführt wurden; danach ist die Reibungsarbeit proportional der Dichte γ des umgebenden Mediums und der dritten Potenz der Umlaufzahl, während der Einfluß des Durchmessers nach den verschiedenerseits vorgenommenen Versuchen nicht eindeutig ist. Ventilationsverluste treten bei teilweiser Beaufschlagung dadurch auf, daß die Laufschaufeln abwechselnd beim Eintritt in den Dampfstrahl mit strömendem Dampf und beim Heraustreten aus dem Strahl mit Dampf aus dem Raume gefüllt werden; dadurch wird der Dampf herausgeschleudert und im ganzen Raume eine Bewegung des Dampfes quer zum Strahl erzeugt, die diesen stört. Sind die einzelnen Leitvorrichtungen am Umfange verteilt, so tritt dieser Verlust bei jeder auf, also mehrmals bei einer Umdrehung; deswegen setzt man die Düsen oder Kanäle dicht zusammen, zu Segmenten vereinigt. Der Ventilationsverlust ist von der Schaufellänge und von der Geschwindigkeit, also vom Durchmesser und der Umlaufzahl abhängig. Nach Versuchen von Josse (ZVdI. 1910, S. 121) wird durch außen um die Schaufeln gelegte Deckbänder die Ventilation geringer. Die Radreibungs- und Ventilationsarbeiten lassen sich einzeln nicht genau ermitteln. Stodola hat die Arbeit in PS nach Versuchen in zwei Gliedern angegeben durch die Gleichung:

$$(55)\quad \begin{cases} N_{rv} = N_r + N_v \\ \quad = \alpha\,[2{,}1\,D^2 + 1{,}2\,(1 - \varepsilon)\,D l^{1,5}]\,\dfrac{D^3 \cdot n^3}{10^{10}} \cdot \gamma \text{ PS} \end{cases}$$

für unverhüllte Räder von 537—1265 mm Durchmesser, worin

D der mittlere (Teilkreis-)Durchmesser in m,

l Schaufellängen in cm,

n Drehzahl i. d. Min.,

$\gamma = \frac{1}{v}$ kg/m³ das spez. Gewicht (aus dem is-Diagramm oder aus Zahlentafel S. 132,

ε der Beaufschlagungsgrad $= \dfrac{\text{beaufschlagter Bogen}}{\text{ganzer Umfang}}$,

α ein Faktor zur Umrechnung der für Luft ermittelten Arbeit für Dampf, wobei nach Versuchen von Lewicki (ZVdI. 1903, S. 525) $\alpha = 1{,}3 \div 1{,}5$ für gesätt. Dampf und $\alpha = 1 \div 1{,}2$ für überhitzten Dampf.

Eine wesentlich bessere Beziehung zur Berechnung der Rad reibung ist die von C. Keller[1]) abgeleitete Formel

$$N_R = 73{,}5 \cdot 10^{-10} \cdot D^{4,6} \cdot n^{2,8} \cdot \nu^{0,2} \cdot \gamma \text{ PS},$$

[1]) Escher Wyss-Mitteilung 1931 Nr. 5.

welche die Abhängigkeit von der kinematischen Zähigkeit ν des Dampfes berücksichtigt. Für die Ventilationsarbeit ist nach Erfahrung von Escher Wyss eine gute Annäherung mit obigen Bezeichnungen die Beziehung

$$N_\nu = 4{,}42 \cdot 10^{-10} (1 - \varepsilon)\, l^{1,5}\, D^{3,8} \cdot n^{2,8}\, \gamma \text{ PS}.$$

Bei mehrkränzigen Rädern kann für l die größte Schaufellänge eingesetzt werden.

Für eingehüllte Räder wird die Verlustarbeit nicht unwesentlich geringer, jedoch wird wegen der komplizierten Konstruktion keine Einkapselung ausgeführt, oder es werden bei Curtisrädern nur die Laufschaufeln an den nicht beaufschlagten Stellen umhüllt.

Die AEG ermittelte aus Versuchen für unbeaufschlagtes, unverhülltes Rad in Dampf die Arbeit in kW:

$$N_{rv} = 1{,}2 \cdot 10^{-6} \cdot D^3 \cdot n^{2,5} \cdot l_m \cdot \gamma \text{ kW}, \tag{56}$$

worin l_m die mittlere Schaufellänge aller Kränze in cm, n die minutliche Umlaufzahl, γ spez. Gewicht in kg/dm³ ist. Gleichung (56) soll für $D = 0{,}9 \div 1{,}2$ m und $l = 1 \div 10$ cm mit $\pm 5\%$ Genauigkeit gelten; sie gibt wesentlich kleinere Werte als Gl. (55).

Auf 1 kg Dampf bezogen, ist der Radreibungs- und Ventilationsverlust in kcal bei G_{sek} kg Dampf in der Sekunde, wenn N_{ry} in PS bzw. in kW

$$h_{rv} = \frac{75\, N_{rv}}{427\, G_{sek}} \text{ kcal/kg bzw. } \frac{102\, N_{rv}}{427\, G_{sek}} \text{ kcal/kg}. \tag{57}$$

Die für Überwindung der Radreibungs- und Ventilationsarbeit verbrauchte Strömungsenergie wird in Wärme rückverwandelt und erhöht den Wärmeinhalt um h_{rv} von i_3 auf $i_4 = i_3 + h_{rv}$, so daß im is-Diagramm (Abb. 42) der Dampfzustand durch Punkt A_4' gegeben ist. Durch die Erhöhung des Wärmeinhaltes kann die Reibungsarbeit in der folgenden Stufe teilweise wiedergewonnen werden. Mehrstufige Turbinen haben in jeder Stufe obige Verluste, jedoch ist die Summe der Verluste um so geringer, je größer die Stufenzahl, da mit dieser die Durchmesser abnehmen; ferner wird dadurch volle Beaufschlagung erreicht, also Fortfall der Ventilationsverluste.

b) Überdruckturbinen haben wegen der vollen Beaufschlagung keine Ventilationsverluste. Da keine einzelnen Radscheiben vorhanden sind, sondern die Schaufeln auf Trommeln sitzen, so kommt Radreibung nur an den Stirnflächen derselben und am nicht mit Schaufeln besetzten Teil des Trommelumfanges sowie an den Ausgleichsscheiben in Betracht, ist demnach gering und kann, besonders bei größeren Leistungen, vernachlässigt werden.

6. Lässigkeits-(Undichtheits-)Verluste

Darunter sind Dampfverluste zu verstehen, die eine Verringerung der arbeitenden Dampfmenge nach sich ziehen und durch entweichenden, nicht in die Laufschaufel tretenden Dampf verursacht werden.

a) Spaltverluste

α) Gleichdruckturbinen. Da im Spalt zwischen Leitapparat und Laufschaufel kein höherer Druck als hinter der Laufschaufel herrscht, so treten hier und zwischen Laufschaufel und Gehäuse keine Spaltverluste auf. Im Spalt zwischen Leit- und Laufschaufel tritt bei dem üblichen Spalt von 2—3 mm auch keine Streuung ein. Dagegen treten bei Mehrstufenturbinen Dampfverluste ein im Spalt an der Durchführung der Welle durch die Zwischenwände (Leitradscheiben), da in den benachbarten Kammern verschiedene Drücke herrschen. Wird die Abdichtung durch langen schmalen Spalt zwischen der Dichtungsbüchse im Leitrade und der Laufradnabe bewirkt (Berührung darf wegen der hohen Geschwindigkeit nicht stattfinden), so ist der Spalt als einfache Mündung zu betrachten. Ist die Spaltweite s, der Nabendurchmesser d_n, so ist der Spaltquerschnitt $f_n = \pi d_n \cdot s$ und die sekundlich durch den Spalt strömende Dampfmenge

$$G_{sp} = \frac{\varphi_{sp} \cdot f_n \cdot c_1}{v_1} \text{ kg/s},$$

wenn f_n in m² eingesetzt, c_1 die in dem betreffenden Leitapparat erzeugte Geschwindigkeit, oder die kritische Geschwindigkeit (s. S. 43) bei überkritischem Druckverhältnis, v_1 das Volumen am Ende des Leitkanals bzw. im engsten Querschnitt und φ_{sp} ein Kontraktionskoeffizient, der je nach der größeren oder kleineren Länge des Spaltes $\varphi_{sp} = 0{,}5 \div 0{,}8$ betragen kann. Für lange schmale Spalte ergibt sich auch nach Bendemann (s. Literatur) die durchtretende Menge aus der Beziehung

(58a) $$G_{sp} = 203\, f_n \sqrt{\frac{p}{v}} \text{ kg/s},$$

mit f_n in m², p Anfangsdruck in kg/cm² und v das Anfangsvolumen m³/kg.

Ist die Nabendichtung nicht als glatter Spalt, sondern als Labyrinthdichtung (s. u.) ausgeführt, so ist die Berechnung der Verlustmenge wie unter „Labyrinthverlusten" angegeben durchzuführen.

Da der durch den Spalt tretende Dampf seinen Wärmeinhalt behält (Droßlung), so tritt in der folgenden Stufe Mischung mit dem Arbeitsdampf ein und Erhöhung seines Wärmeinhaltes. Für die vorliegende Stufe ist der Verlust ein Teil des ausgenutzten Gefälles im Verhältnis der Dampfmengen also

(58b) $$h_{sp} = (h_u - h_{rv}) \frac{G_{sp}}{G_{sek}} \text{ kcal/kg}$$

(vgl. Abb. 43).

Der Spalt-(Naben-)Verlust verringert wohl die arbeitende Dampfmenge in der betrachteten Stufe, er erhöht jedoch den Wärmeinhalt der folgenden Stufe um h_{sp} kcal/kg, wird also zum Teil wiedergewonnen (mit Ausnahme des Verlustes der letzten Stufe). Trägt man h_{sp} im is-Diagramm (Abb. 43) über i_4 ab, so ergibt sich mit $i_5 = i_4 + h_{sp}$ der Endzustand A_5 in der Stufe, der zugleich der Anfangszustand der folgenden Stufe ist. In den ersten Stufen sind die Nabenspaltverluste größer als in den letzten, da das spez. Volumen klein und der Spaltquerschnitt im Verhältnis zum Leidradquerschnitt groß ist.

β) Überdruckturbinen. Wegen des Spaltüberdruckes kommt für den Spaltverlust sowohl das Spiel s (Abb. 41) zwischen Laufschaufel und Gehäuse als auch zwischen Leitschaufel und Lauftrommel in Frage, somit für jede Stufe die Summe. Der durch letzteren Spalt entweichende Dampf wird zu einem kleinen Teil in der Laufschaufel arbeiten, obwohl die Streuung mangels Strahlführung groß sein wird. Der Verlust wächst mit zunehmendem Spaltüberdruck und kann angenähert proportional dem Verhältnis $2s : (l + s)$, mit l als Schaufellänge, angenommen werden; er ist somit im Hochdruckteil groß, wo s wegen der Wärmedehnung infolge der höheren Temperatur genügend groß und l wegen des kleinen Volumens klein ausgeführt werden muß. Die durch beide Spalte entweichende sekundliche Dampfmenge G_{sp} ist

$$G_{sp} = 2\,\varphi_{sp}\, f_{sp} \frac{c_1}{v_s} \text{ kg/s},$$

worin $f_{sp} = \pi d \cdot s$ in m² und d der Teilkreisdurchmesser, c_1 die in der Schaufel erzeugte Dampfgeschwindigkeit, v_s das Volumen am Ende des Spaltes und $\varphi_{sp} = 0{,}6 \div 0{,}8$ angenommen werden kann.

Nach Anderhub beträgt der Spaltverlust $h_{sp} = \xi_{sp} \cdot h_t$ mit $\xi_{sp} = 1{,}72 \frac{s^{1,4}}{l}$ (s – Spiel, l Schaufellänge in mm).

Die Spaltverluste erhöhen auch hier den Wärmeinhalt des Dampfes in der folgenden Stufe, werden also zum Teil wiedergewonnen. In den Niederdruckstufen und bei großen Leistungen können die Verluste vielfach vernachlässigt werden; meist werden sie mit dem Schaufelverlust vereinigt in dem Verlustkoeffizienten ζ.

γ) Die Lässigkeitsverluste durch die Schaufelspalten bei Überdruckturbinen und durch die Nabendichtungen der Gleichdruckturbinen können, wie bereits erwähnt, in den folgenden Stufen ausgenutzt werden. Durch die Erhöhung des Wärmeinhaltes werden auch die Volumina größer; hierdurch wird wieder der Radreibungsverlust geringer. Die Volumenzunahme zieht eine Vergrößerung der Querschnitte der Leitvorrichtungen nach sich; da aber ein Teil des Dampfes durch den Spalt hindurchströmt, so muß der Querschnitt der Leitvorrichtung um den wirklichen Spaltquerschnitt (unter Berücksichtigung der Kontraktion) kleiner ausgeführt werden, wenn die rechnungsmäßigen Drücke erreicht werden sollen. Der Einfluß ist aber nur bei kleinen Leitradquerschnitten wesentlich, also in den Hochdruckstufen und bei kleinen Leistungen.

b) Labyrinthverluste

α) Labyrinthdichtungen bestehen aus Kämmen verschiedener Form — Abb. 43 zeigt eine Ausführungsform —, die abwechselnd im Gehäuse und im rotierenden Teil sitzen und so ineinandergreifen, daß eine Reihe von Labyrinthkammern entsteht, die durch enge Spalte verbunden sind. Der in die Labyrinthdichtung tretende Dampf wird im engen Spalt gedrosselt und verwirbelt in jeder Kammer wieder, so daß ein allmählicher Druckabfall und Volumenszunahme eintritt und nur geringe Dampfmengen entweichen können.

Sind P' und P'' kg/m² die Drücke in zwei benachbarten Kammern, v das Volumen, f_{sp} der Spaltquerschnitt in Quadratmetern, c die Geschwindigkeit im Spalt, so ist die sekundlich durchtretende Dampfmenge

$$(59)\quad \begin{cases} G_{sp} = f_{sp}\frac{c}{v} = \frac{f_{sp}}{v}\sqrt{2g(P'-P'')v} \\ \quad = f_{sp}\sqrt{\frac{2g(P'-P'')}{v}}\ \text{kg/s}. \end{cases}$$

Die Zustände in den aufeinanderfolgenden Kammern liegen auf der Drossellinie $i=$ konst. (s. S. 30) und können angenähert durch $pv=$ konst. gekennzeichnet werden. Ist P_1 der Druck in kg/m² vor, P_2 derjenige hinter den Labyrinthen, z die Anzahl der Labyrinthe, v_1 das Anfangsvolumen, so ist nach Stodola

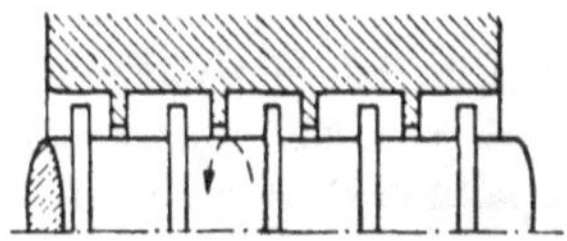

Abb. 44. Labyrinthdichtung

$$(60)\qquad G_{sp} = f_{sp}\sqrt{\frac{g(P_1^2-P_2^2)}{z\,P_1\,v_1}}\ \text{kg/s}.$$

Es kann nun im letzten Spalt die Schallgeschwindigkeit c_k (s. S. 43) auftreten. Dieses ist der Fall, wenn die Geschwindigkeit c_2 im letzten Spalt größer ist als c_k, d. h. $c_2 = \frac{G_{sp}v_2}{f} > c_k$. Dazu kann G_{sp} aus Gl. (60) probeweise bestimmt und v_2 aus der Drosselgleichung $v_2 = \frac{p_1 v_1}{p_2}$ ermittelt werden.

Ist nun $c_2 > c_k$, so ist nach Stodola

$$(61)\qquad G_{sp} = f_{sp}\sqrt{\frac{g}{z+1{,}5}\cdot\frac{P_1}{v_1}}\ \text{kg/s},$$

andernfalls ist Gl. (60) anzuwenden. Einfacher kann nach dem kritischen Druck geurteilt werden. Nach Stodola ist dieser

$$(62)\qquad p_k = p_1\,\frac{0{,}85}{\sqrt{z+1{,}5}}.$$

Ist $p_2 > p_k$, so gilt Gl. (61).

Soll nur eine bestimmte Dampfmenge G_{sp} durch die Labyrinthe entweichen können, so muß aus Gl. (60) die Anzahl z der Labyrinthe sein:

$$(63) \qquad z = \frac{f_{sp}^2 \, g \, (P_1^2 - P_2^2)}{G_{sp}^2 \, P_1 \, v_1}$$

Bei radial hintereinanderliegenden Labyrinthen ist, wenn $f_1 = \pi d_1 s$ der Anfangs-, $f_2 = \pi d_2 s$ der Endquerschnitt der Spalte in Quadratmetern,

$$(64) \qquad G_{sp} = \sqrt{\frac{g \, (P_1^2 - P_2^2)}{z \cdot P_1 \cdot v_1}} \cdot f_1 f_2 \text{ kg/s}.$$

β) Bei Gleichdruckturbinen können Labyrinthverluste — abgesehen von Nabendichtungen mit Labyrinthen — als Stopfbüchsenverluste auftreten an der Durchgangsstelle der Welle durch das Gehäuse. Die Stopfbüchsen werden durchweg mit Labyrinthen ausgeführt. Der durch die Stopfbüchsen tretende Dampf ist vollständig verloren, es sei denn, daß ein Teil des durch die Hochdruckstopfbüchse entweichenden Dampfes in eine Stufe mit niederem Druck geleitet wird. Die Niederdruckstopfbüchse hat bei Gegendruckturbinen ebenfalls gegen austretenden Dampf zu dichten, während sie bei Kondensation das Eindringen von Luft verhindern soll. Dieses geschieht durch in die Stopfbüchse geleiteten „Sperrdampf" von höherem Druck als die Atmosphäre (gedrosselter Frischdampf oder Abdampf der Hochdruckstopfbüchse). Der Sperrdampf dringt in das Innere der Turbine, in den Abdampfstutzen, und ist folglich für die Arbeit in der Turbine verloren.

Die Spaltgröße wird bei Kohlestopfbüchsen (s. Bd. II) zu 0,1 mm gerechnet. Bei Labyrinthstopfbüchsen wird der Spalt zu $D : 1000$ in mm bei hohen Temperaturen $D : 800$ angenommen, jedoch nicht kleiner als 0,25 mm.

Beispiel 1. Es sei der Druck im Gehäuse $p_1 = 4$ ata trocken gesättigt, der Außendruck $p_2 = 1$ at, $z = 12$, Spaltweite (Kohledichtung) $s = 0{,}1$ mm, Spaltdurchmesser $d_s = 250$ mm; dann ist

$$p_k = 4 \frac{0{,}85}{\sqrt{12} + 1{,}5} = 0{,}925, \text{ also } p_2 > p_k,$$

$$f_{sp} = \pi \cdot 25 \cdot 0{,}01 = 0{,}785 \text{ cm}^2 = 0{,}785 \cdot 10^{-4} \text{ m}^2,$$

$v = 0{,}471$ m³/kg (s. Dampftabellen) und nach Gl. (60)

$$G_{sp} = 0{,}785 \cdot 10^{-4} \sqrt{\frac{9{,}81 \cdot 10000^2 (4^2 - 1)}{12 \cdot 40000 \cdot 0{,}472}} = 0{,}02 \text{ kg/s}$$

$$= 72 \text{ kg/Stunde.}$$

Beispiel 2. Der Sperrdampf einer Vakuumstopfbüchse von 280 mm Durchmesser, $s = 0{,}25$ mm, $z = 10$, habe $p_1 = 1{,}5$ at, das Volumen sei $v_1 = 2{,}0$ m³/kg (beim Drosseln von p auf p_1 auf der Drossellinie im is-Diagramm liegend); das Vakuum in der Turbine sei 90%, also $p_2 = 0{,}1$ at, dann ist

$$f_{sp} = \pi \cdot 28 \cdot 0{,}025 = 2{,}2 \text{ cm}^2 = 2{,}2 \cdot 10^{-4} \text{ m}^2,$$

und da

$$p_2 < p_k = 1{,}1 \frac{0{,}85}{\sqrt{11{,}5}} = 0{,}275 \text{ at},$$

so ist nach Gl. (61)

$$G_{sp} = 2{,}2 \cdot 10^{-4} \sqrt{\frac{9{,}81}{11{,}5} \cdot \frac{11500}{2}} = 0{,}0154 \text{ kg/s}$$

$$= 55{,}5 \text{ kg/Stunde.}$$

γ) **Bei Überdruckturbinen** treten Labyrinthverluste in gleicher Weise als Stopfbüchsenverluste auf wie bei den Gleichdruckturbinen und sind ebenso zu ermitteln. Wichtiger sind die Verluste durch die **Labyrinthdichtungen der Ausgleichkolben**, die große Durchmesser und wegen der Wärmedehnung großes Spiel haben; meist müssen sie auch gegen hohe Druckunterschiede abdichten.

Beispiel. Ein Ausgleichkolben von 500 mm Durchmesser mit $z = 16$ Labyrinthen und $s = 0{,}4$ mm Spiel habe zwischen $p_1 = 12$ at 300° und $p_1 = 2$ at abzudichten.

Dann ist das Volumen nach Zahlentafel 2, S. 132

$$v_1 = 0{,}218 \text{ m}^3/\text{kg}$$

und $$f_{sp} = \pi \cdot 50 \cdot 0{,}04 = 6{,}28 \text{ cm}^2 = 6{,}28 \cdot 10^{-4} \text{ m}^2.$$

Da

$$p_k = 12 \frac{0{,}85}{\sqrt{17{,}5}} = 2{,}44 \text{ at},$$

somit $p_2 < p_k$, und nach Gl. (61)

$$G_{sp} = 6{,}28 \cdot 10^{-4} \sqrt{\frac{9{,}81 \cdot 120000}{17{,}5 \cdot 0{,}218}} = 0{,}348 \text{ kg/s}$$
$$= 1250 \text{ kg/Stunde}.$$

7. Verluste durch Leerlaufsarbeit (mechanische Verluste)

Dazu gehören Lager- und Stopfbüchsenreibung (s. u.), Antrieb des Reglers, Arbeitsaufwand der Ölpumpen. Die Lagerreibungsarbeit kann nach Versuchen von Lasche (ZVdI. 1902, S. 1881), Stribeck (ZVdI. 1902, S. 1341), Michell (Z. Math. Phys. Bd. 52, 1905, S. 123), Gümbel (Z. ges. Turbw. 1918, S. 205), v. Freudenreich (BBC-Mitteilungen 1917, S. 1) u. a. sowohl in den Traglagern als auch in den Kammlagern (Lasche, ZVdI. 1906, S. 1355) ermittelt werden, doch ist die Ermittlung der Lagerreibungsarbeit allein nur für die Bemessung der Lager und der Ölmenge wichtig (s. II. Teil), während für die Berechnung der Leerlaufsverluste noch die anderen eben genannten Leerlaufsarbeiten, die einzeln nicht zu ermitteln sind, hinzukommen. Stopfbüchsenreibung tritt außer der geringfügigen Dampfreibung nur auf bei Anwendung dicht an der Welle, aber ohne Druck, anliegender Kohlenringe.

Bei ausgeführten Turbinen können die Leerlaufsverluste zusammen mit den Radreibungs- und Ventilationsverlusten durch Auslaufversuche ermittelt werden, bei denen die Zahl der Umläufe von der vollen Umlaufzahl bis zum Stillstand bestimmt wird und dann aus dieser und den Trägheitsmomenten aller rotierenden Teile die Reibungsmomente errechnet werden können. Die für verschiedene Drücke im Gehäuse ermittelten und über diesen Drücken aufgetragenen Reibungsmomente ergeben dann für den Druck Null (durch Extrapolieren) die Leerlaufsreibung, da beim Druck Null die Radreibungs- und Ventilationsverluste auch gleich Null sein müßten (s. Z. f. das gesamte Turbinenwesen 1908, S. 253).

Die Lagerreibung allein ist klein, nach Versuchen von Langen (Z. f. d. ges. Turbw. 1907, S. 434) höchstens 0,5⁰/₀; wesentlicher sind die Ölpumparbeit und der Reglerantrieb, die nur schätzungsweise bestimmt werden können. Die Leerlaufsverluste werden bei großen Leistungen prozentual kleiner sein als bei kleinen und bei höherer Umlaufzahl kleiner als bei niederer, da bei letzterer der Rotor schwerer wird (mehr Stufen oder größerer Durchmesser). Bei Anwendung eines Getriebes zwecks Herabsetzung der Umlaufszahl ist der Leerlaufsverlust natürlich wesentlich höher und kann bei kleinen Leistungen 10 v. H. der Nutzleistung betragen.

Für den Entwurf können die Leerlaufsverluste in v. H. der Nutzleistung aus folgender Zahlentafel entnommen werden.

Leerlaufsverluste in v. H. der Nutzleistung

$n = 3000$ Umdr./Min.			
Leistung kW	Leerlaufsverl. v. H.	Leistung kW	Leerlaufsverl. v. H.
bis 100	10÷6	1500 – 3000	2,5÷1,5
100 – 400	6÷4,5	3000 – 6000	1,5÷1,0
400 – 1000	4÷3	6000 – 10000	0,9÷0,6
1000 – 1500	3÷2,5	10000 – 25000	0,6÷0,5

Um den Leerlaufsverlust mit den übrigen in kcal/kg ausgedrückten Verlusten vergleichen zu können, kann er in Wärmeeinheiten, bezogen auf 1 kg Dampf, umgerechnet werden. Ist N_l die Leerlaufsarbeit in PS, G_{sek} die sekundliche Dampfmenge, so ist der Leerlaufsverlust h_l:

$$h_l = \frac{75 \cdot N_l}{427 \cdot G_{sek}} = \frac{N_l}{5{,}7 \cdot G_{sek}} \text{ kcal/kg}. \tag{65}$$

Der Leerlaufsverlust beeinflußt den Dampfzustand nicht und wird nur zum Vergleich mit den anderen Verlusten in kcal/kg angegeben. Meist wird der Leerlaufsverlust durch Einführung des mechanischen Wirkungsgrades (s. S. 115) berücksichtigt.

8. Verluste durch Wärmestrahlung und -leitung. Diese Verluste werden um so größer sein, je höher die Dampftemperatur ist, da die abgeführte Wärme der Temperaturdifferenz proportional ist. Demnach sind die Verluste bei starker Expansion (Düsen) kleiner als bei Turbinen mit allmählicher Druck- und Temperaturabnahme (reine Überdruckturbinen), bei Leerlauf absolut genommen kleiner als bei Vollast. Andererseits wird der Verlust auch vom Dampfzustand abhängig sein, da überhitzter Dampf eine wesentlich geringere Wärmeübertragung hat als gesättigter Dampf. Ferner wird der Verlust mit der Größe der Abkühlfläche zunehmen, also bei größerer Baulänge und größerem Durchmesser größer sein.

Nach Eberle (F.-A., Heft 78, 1909) ist die in der Stunde durch Leitung und Strahlung abgegebene Wärme

$$Q_{str} = k \cdot F \cdot (t_d - t_l) \text{ kcal/h},$$

worin F die äußere metallische Oberfläche, die den Dampf umschließt, in m², t_d die Dampf-, t_l die Lufttemperatur und k eine Erfahrungszahl, die nach Eberle bei guter Isolierung für gesättigten Dampf zu 2,3 und für überhitzten Dampf bei $t_d = 100^0$ C zu $k = 2{,}5$ bei 250^0 $k = 2{,}8$ und bei 400^0 C $k = 3{,}5$ angenommen werden kann. Für t_d ist die mittlere Dampftemperatur im ganzen Gehäuse zu setzen. Der Verlust Q_{str} kann nur angenähert ermittelt werden, er ist bei guter Isolierung und Verkleidung nicht bedeutend, besonders bei großen Leistungen. Auf 1 kg Dampf bezogen ist der Strahlungsverlust

$$h_{str} = \frac{Q_{str}}{G_{st}} = \frac{Q_{str}}{3600 \cdot G_{sek}} \text{ kcal/kg}. \tag{66}$$

9. Zusammenfassung der Verluste. Die betrachteten Verluste könnte man einteilen in a) solche, die im Dampf auftreten, in Wärme rückverwandelt werden und infolge der

dadurch bewirkten Erhöhung des Wärmeinhaltes bei Mehrstufenturbinen zum Teil wieder nutzbar gemacht werden können, und b) solche, die außerhalb entstehen oder nach außen gelangen, also auf den Dampfzustand keinen Einfluß haben und für den Arbeitsprozeß vollständig verloren sind. Zu den ersteren gehören: der Düsenverlust h_d, der Schaufelverlust h_s, der Austrittsverlust h_a, der Radreibungs- und Ventilationsverlust h_r und der Undichtheits-(Lässigkeits-)Verlust h_{sp} zwischen den Stufen (Spaltverlust durch die Nabendichtungen bzw. um die Schaufeln herum). Vollständig können diese Verluste nicht wiedergewonnen werden, da alle Reibungsvorgänge nicht umkehrbare Prozesse und mit Entropievermehrung verbunden sind. Diese Verluste können einzeln im Wärme- (Ts-) oder besser im is-Diagramm, wie in Abb. 43, eingetragen werden, so daß der jeweilige Dampfzustand durch Druck, Temperatur, Volumen und Wärmeinhalt leicht bestimmbar ist. Durch das Eintragen aller erwähnten Verluste ist im is-Diagramm der Endzustand festgelegt, der bei Mehrstufenturbinen zugleich der Anfangszustand für die folgende Stufe ist. Bei adiabatischer Zustandsänderung — ohne alle Verluste — wäre der Endzustand A_0, die Erhöhung des Wärmeinhaltes ist demnach $i_5 - i_0$. Bei gleichem Druck nimmt aber das Arbeitsvermögen — das Wärmegefälle — mit höherer Temperatur zu, so daß durch die Erhöhung des Wärmeinhaltes das Wärmegefälle der folgenden Stufe bei gleichem Druckgefälle etwas größer wird als das adiabatische Gefälle von A auf denselben Enddruck. Dadurch wird die Summe der adiabatischen Einzelgefälle der Stufen größer als das Gesamtgefälle von A bis auf den Enddruck der letzten Stufe, und zwar ist je nach der Größe des Wärmegefälles der Wärmerückgewinn 1 bis 8 vom Hundert. Die Volumenszunahme bewirkt, wie weiter oben erwähnt, eine Verringerung der Radreibung und der Spaltverluste, bei voller Beaufschlagung, besonders bei Überdruckturbinen auch dadurch, daß die Schaufellänge größer wird und somit das

Verhältnis von Spaltquerschnitt zum Leitradquerschnitt kleiner wird (s. S. 95).

Zu den unter b) genannten Verlusten gehören die Undichtheitsverluste nach außen – Labyrinthverluste durch Stopfbüchsen und Ausgleichkolben –, die Verluste durch Leerlaufsarbeit und die Strahlungs- und Leitungsverluste. Sie sind nicht genau zu ermitteln und müssen geschätzt oder nach Erfahrungswerten angenommen werden. Die Lässigkeitsverluste bewirken eine Verringerung der nach außen abgegebenen Leistung infolge der Verluste an Arbeitsvermögen durch den entweichenden Dampf, die Strahlungsverluste verringern gleichfalls das Arbeitsvermögen, während die Leerlaufsverluste einen direkten Arbeitsaufwand erfordern:

B. Leistung

Je nachdem, welche Verluste in Betracht gezogen werden und wo die Arbeit in der Turbine gemessen werden soll, kann man folgende Leistungen unterscheiden:

1. Die theoretische Leistung der verlustlosen Turbine ist das Arbeitsvermögen L, welches im Wärmemaß gleich ist dem verfügbaren Wärmegefälle $h_t = A L$ kcal/kg (s. S. 29).

Da 1 PS = 75 mkg/s, so ist 1 PS äquivalent $\frac{75}{427}$ kcal/s, oder

(67) $$1 \text{ kcal/s} = 5{,}7 \text{ PS}.$$

Die gesamte theoretische Leistung N in PS ist bei G_{sek} sekundlicher Dampfmenge und einem verfügbaren Gefälle von h_t kcal/kg:

67a) $$N = 5{,}7 \cdot h_t \cdot G_{sek} \text{ PS}.$$

Beispiel. Wieviel PS würden $G_{st} = 10000$ kg/h von 11 ata 275° C in einer verlustlosen Turbine leisten, wenn der Enddruck $p_0 = 0{,}1$ at beträgt?

Aus dem is-Diagramm ist $h_t = 186{,}8$ kcal/kg, also in der Stunde $h \cdot 10000$ kcal/h oder $\frac{h_t \cdot 10000}{3600}$ kcal/s und die theoret. Leistung

$$N = 5{,}7 \frac{h_t \cdot G_{st}}{3600} = 5{,}7 \frac{186{,}8 \cdot 10000}{3600} = 2956 \text{ PS}.$$

Bei Mehrstufenturbinen ist die Gesamtleistung L gleich der Summe der Leistungen der einzelnen Stufen:

$$L = L^{\mathrm{I}} + L^{\mathrm{II}} + L^{\mathrm{III}} + \cdots$$

oder

$$h_t = h_t^{\mathrm{I}} + h_t^{\mathrm{II}} + h_t^{\mathrm{III}} + \cdots$$

und

$$N = N^{\mathrm{I}} + N^{\mathrm{II}} + N^{\mathrm{III}} + \cdots,$$

wenn I, II, III usw. die Werte für die 1., 2., 3 .usw. Stufe bezeichnen.

2. **Die Leistung am Radumfang** erhält man nach Abzug der Verluste in der „Schauflung" h_d, h_s und h_a von der Leistung der verlustlosen Maschine; somit ist

$$h_u = A L_u = h_t - (h_d + h_s + h_a) \text{ kcal/kg}.$$

Diese Leistung kann aus dem Geschwindigkeitsplan (z. B. Abb. 18 und 24) nach Gl. (40) ermittelt werden:

$$h_u = A \frac{u}{g} (w_{1u} + w_{2u}) \text{ kcal/kg}$$

und ist im is-Diagramm durch Abtragen der Verluste, die mit den Werten der Geschwindigkeitskoeffizienten und den aus dem Geschwindigkeitsplan entnommenen Werten der Geschwindigkeiten w_1 und c_2 errechnet werden, s. Gl. (39), (52a), (53), gegeben (Abb. 43). Die Leistung ist von der Ausführung der Leitvorrichtung und der Schaufeln, von den Winkeln und von der Wahl eines günstigen Verhältnisses u/c_1 abhängig (s. S. 62). Es kann eine Wärmebilanz aufgestellt werden: die Summe der aus dem Geschwindigkeitsplan ermittelten Umfangsleistung $h_u = AL_u$ und der aus den Geschwindigkeiten ermittelten Verluste h_d, h_s und h_a muß gleich dem verfügbaren Gefälle $h_t = AL$ sein. Bei Mehrstufenturbinen muß natürlich die Gesamtleistung der ganzen Turbine gleich sein der Summe der Einzelleistungen der Stufen. Bei gleichem Gefälle und gleichen Winkeln sind die Leistungen am Radumfang gleich.

3. Die innere (indizierte) Leistung, d. h. die von den Laufrädern an die Welle abgegebene Leistung, ist um den Betrag der Radreibungs- und Ventilationsarbeit und der Lässigkeitsverluste zwischen den Stufen kleiner als die Leistung am Radumfang:

$$L_i = L_u - (L_r + L_{sp});\; h_i = h_u - h_r - h_{sp}.$$

Diese Leistung ist ebenfalls im is-Diagramm gegeben (Abb. 43). Bei gleichem Stufengefälle und gleichen Winkeln ist die innere Leistung nicht gleich, sondern in den Stufen mit höherem Druck kleiner, da dort h_{rv} und h_{sp} wegen der größeren Dampfdichte größer sind.

Die innere Leistung kann an ausgeführten Turbinen bestimmt werden. Dazu muß die Dampfmenge bestimmt werden, entweder durch Speisewassermessung unter Berücksichtigung der Leitungsverluste bis zur Turbine oder, bei Oberflächenkondensation, durch die einfachere Messung des Kondensates. Ferner sind Druck und Temperatur des in die Turbine tretenden und des austretenden Dampfes (im Abdampfstutzen) zu messen, wodurch der Anfangs- und bei noch überhitztem Dampf der Endzustand im is-Diagramm festgelegt ist. Die Differenz der Wärmeinhalte ist das in innere Arbeit umgesetzte Gefälle h_i kcal/kg. Ist das gemessene sekundliche Dampfgewicht G_{sek} kg/s, so ist die innere Leistung (s. Gl. (67a))

$$N_i = 5{,}7 \cdot h_i \cdot G_{\text{sek}}\ \text{PS}_i. \tag{68}$$

Werden in jeder Stufe Meßstellen vorgesehen, so können durch Messung von Druck und Temperatur in jeder Stufe auch die

Einzelleistungen der Stufen ermittelt werden, die zusammen die Gesamtleistung ergeben müssen.

Geht der Dampf ins Sättigungsgebiet über, so ist statt der Endtemperatur der Dampfgehalt zu bestimmen, durch Entnahme von Dampfproben aus dem Abdampfstutzen. Dieses ist jedoch umständlich und nicht immer genau genug, so daß im Falle des im Sättigungsgebiet liegenden Endzustandes die Bestimmung der inneren Leistung häufig nicht durchführbar ist[1]).

Beispiel. Wie groß ist die innere Leistung, wenn die Dampfmenge mit 10000 kg/h gemessen, der Dampfzustand 11 at 275° C am Eintritt und 0,1 at im Abdampfstutzen abgelesen und die spez. Dampfmenge mit $x = 0{,}97$ ermittelt wurde?

Aus dem is-Diagramm ist der Wärmeinhalt am Anfang $i =$ 714,8 kcal/kg und am Ende $i_s = 600{,}0$ kcal/kg, somit $h_i =$ 114,8 kcal/kg und die innere Leistung

$$N_i = 5{,}7 \cdot \frac{114{,}8 \cdot 10000}{3600} = 1818 \text{ PS}_i.$$

Ist die Dampfmenge durch Messung des Speisewassers bestimmt oder ist bei Kondensatmessung der durch die Stopfbüchsen bzw. den Ausgleichkolben gehende Dampf in den Kondensator geführt worden (bei der Niederdruckstopfbüchse stets der Fall), so müßte genau genommen diese keine Arbeit leistende Dampfmenge bei der Berechnung der inneren Leistung abgezogen werden, oder aber es müßte von h_i noch der auf 1 kg Gesamtdampf bezogene Stopfbüchsenverlust (bzw. Ausgleichkolbenverlust) abgezogen werden. Da dieser Verlust an Betriebsmaschinen nicht genau bestimmt werden kann, derselbe auch nur bei kleinen Leistungen von Einfluß ist, so kann er für die innere Leistung unberücksichtigt bleiben.

Die innere Leistung ist abhängig vom Durchmesser der Laufräder und vom Dampfzustand; die gesamte Radreibung wächst mit dem Durchmesser und der Dichte, andererseits aber auch mit der Stufenzahl (bei gleichen Durchmessern).

---

[1]) Siehe Z. f. d. g. Turbw. 1907, S. 433, F. Langen (s. Literatur).

4. Die Nutzleistung (effektive Leistung) ist die nach außen abgegebene, also die am Wellenstumpf (bzw. an der Kupplung) verfügbare Leistung, die nach Abzug sämtlicher Verluste in der Turbine übrigbleibt. Sie ist um die Strahlungs- und Wärmeleitungsverluste, die Stopfbüchsen- bzw. Ausgleichkolbenverluste sowie um die mechanischen Verluste kleiner als die innere Leistung. Demnach ist

$$L_e = L_i - L_l - L_{str} = L - \Sigma \text{(Verluste)}$$

oder

$$h_e = h_i - h_l - h_{str} = h_t - \Sigma \text{(Verluste)}.$$

Die Nutzleistung N_e kann durch Bremsung ermittelt werden, die nur bei kleinen Leistungen mit dem gewöhnlichen Bremszaum vorgenommen werden kann; bei größeren Leistungen kann die Bestimmung der Nutzleistung durch eine Wasserbremse erfolgen, die mit der Turbine direkt gekuppelt wird, also nur auf dem Prüfstand anwendbar ist. Bei direkter Kupplung mit einem Generator kann die elektrische Leistung N_{el} bequem in kW abgelesen werden. Ist der Wirkungsgrad η_{gen} des Generators bekannt, so ist die Turbinenleistung in PS

$$N_e = 1{,}36\, N_{el} : \eta_{gen}\, \text{PS}_e. \tag{69}$$

Bei Anwendung eines Rädervorgeleges wird die Nutzleistung noch um die Verluste desselben kleiner. Obgleich dieser Verlust nicht der Turbine direkt zur Last gelegt werden kann, so rechnet man die eff. Leistung der Turbine doch an der Vorgelegewelle, denn ohne Anwendung des Vorgeleges müßte die Turbine mit kleinerer Umlaufzahl ausgeführt werden, müßte also mehr Stufen oder größere Raddurchmesser erhalten, so daß die Verluste in der Turbine größer würden. Es ist die effektive Leistung in PS

$$\text{(69a)}\quad \left\{ \begin{aligned} N_e &= \frac{G_{\text{sek}} \cdot L_e}{75} = \frac{G_{\text{sek}} \cdot h_e \cdot 427}{75} = 5{,}7\, G_{\text{sek}}\, h_e \\ &= 5{,}7 \cdot G_{\text{sek}} \cdot h_t \cdot \eta_e\, \text{PS}_e, \end{aligned} \right.$$

wenn η_e der „effektive“ Wirkungsgrad ist (s. S. 119).

C. Wirkungsgrade

Zur bequemen Beurteilung und zum Vergleich der Güte der Wärmeausnutzung der Turbinen dienen die Wirkungsgrade, die das Verhältnis der verschiedenen Leistungen oder der äquivalenten Wärmemengen zueinander bzw. zu derjenigen der verlustlosen Turbine angeben. Die Veränderlichkeit der Wirkungsgrade mit den verschiedenen Größen gibt ein gutes Bild des Einflnsses dieser Größen auf den Wirkungsgrad.

1. Der thermische Wirkungsgrad η_{th} ist das Verhältnis der verfügbaren Energie (Arbeitsvermögen) von 1 kg Dampf zum Wärmeaufwand $i - i_w$ (s. G. (26), S. 29).

$$\eta_{th} = \frac{AL}{i - i_w} = \frac{h_t}{i - i_w}.$$

Der thermische Wirkungsgrad von Gegendruckturbinen bezieht sich hierbei nur auf die Ausnutzung der Wärme in der Turbine, unabhängig davon, wie die Wärme des Abdampfes verwertet wird.

Er gibt somit an, welcher Teil der im Kessel dem 1 kg Dampf zugeführten Wärme in der verlustlosen Turbine in Arbeit umgesetzt werden könnte. Im Ts-Diagramm (Abb. 6, S. 28) wäre der thermische Wirkungsgrad bei 20 at 400° Anfangszustand und 0,1 at (entsprechend 45,4° C) Enddruck das Verhältnis der Fläche $DCBAA_0$ zur Fläche D_1DCBAA_1. Im is-Diagramm ist der thermische Wirkungsgrad sehr einfach zu ermitteln, da h_t und i bequem zu entnehmen sind. Z. B. ist für $p = 20$ at, 400° und $p_0 = 0,1$ at aus dem is-Diagramm $h_t = 236,4$ kcal/kg und $i = 775,9$ kcal/kg $i_w = 45,4$, mithin $\eta_{th} = 236,4 : (775,9 - 45,4) = 0,323 = 32,3$ v. H. Die Zahlentafel auf S. 110 zeigt die thermischen Wirkungsgrade für verschiedene Temperaturen und Enddrücke.

Wie ersichtlich, wird der Wirkungsgrad um so besser, je höher der Druck und bei gleichen Drücken je höher die Anfangstemperatur ist, da h_t mehr zunimmt als i, und je tiefer bei gleichem Anfangszustand der Enddruck.

Zahlentafel: thermische Wirkungsgrade η_{th}

Anfangs- und Enddruck	Temperaturen trock. gesätt.	250°	300°	350°	400°	450°
p = 12 ata p_0 = 0,1 ata	0,277	0,281	0,287	0,293	0,301	0,307
p = 12 ata p_0 = 0,06 ata	0,295	0,299	0,304	0,311	0,318	0,325
p = 20 ata p_0 = 0,06 ata	0,320	0,323	0,328	0,333	0,340	0,347
p = 40 ata p_0 = 0,06 ata	0,352	—	0,358	0,363	0,369	0,376
p = 80 ata p_0 = 0,06 ata	0,380	—	0,380	0,389	0,396	0,403

Der thermische Wirkungsgrad ist stets bedeutend kleiner als 1 und kann nicht wesentlich verbessert werden, obgleich weitere Erhöhung durch Erhöhung des Anfangszustandes (p, t) und Speisewasservorwärmung durch Anzapfdampf u. a. möglich ist, er ist sozusagen der Wirkungsgrad des Systems, der größte Teil der Wärme geht mit dem Abdampf fort. Wärmetheoretisch sind Kolbendampfmaschinen und Dampfturbinen ganz gleichwertig.

Dieser Wirkungsgrad ist aber nur ein theoretischer, da er sich auf die verlustlose Maschine bezieht. Zieht man die in innere Arbeit umgesetzte Wärme h_i in Betracht, so ist das Verhältnis derselben zur Gesamtwärme

$$\eta_{thi} = \frac{h_i}{i - i_w}$$ der innere therm. Wirkungsgrad.

In gleicher Weise auf die der effektiven Leistung äquivalente Wärme h_e bezogen, erhält man in

$$\eta_{the} = \frac{h_e}{i - i_w}$$ den effektiven therm. Wirkungsgrad

(nicht zu verwechseln mit dem thermodynamischen (effektiven) Wirkungsgrad s. S. 116).

Da 632 kcal/h einer PS äquivalent sind, so ist bei N_e PS der Wärmewert 632 N_e kcal/h und bei G_{st} Dampf in der Stunde vom Wärmeinhalt i ist alsdann der effektive thermische Wirkungsgrad

$$\eta_{the} = \frac{632 \cdot N_e}{G_{st}(i - i_w)} . \tag{70}$$

Beispiel. Eine Turbine von $N_e = 1000\,\mathrm{PS}_e$ habe bei 12 ata 300° und 0,1 ata Enddruck einen stündlichen Dampfverbrauch von $G_{st} = 4550$ kg/h. Wie groß ist der eff. thermische Wirkungsgrad? Aus dem is-Diagramm ist $i = 726{,}8$ kcal/kg, $i_w = 45{,}4$ somit

$$\eta_{the} = \frac{632 \cdot 1000}{4550 \cdot (726{,}8 - 45{,}4)} = 0{,}2038 = 20{,}38 \text{ v.H.}$$

2. Der Wirkungsgrad am Radumfang η_u (Umfangswirkungsgrad) oder der Gütegrad der Schauflung ist das Verhältnis der Leistung am Radumfang L_u zur Leistung der verlustlosen Turbine L bzw. das Verhältnis der äquivalenten Wärmemengen

$$\eta_u = \frac{L_u}{L} = \frac{h_u}{h_t} .$$

Für Gleichdruckturbinen war dieser Wirkungsgrad nach Gl. (42a) S. 63.

$$\eta_u = \frac{2u\,\varphi^2}{c_1}\left(1 + \psi\frac{\cos\beta_1}{\cos\beta_2}\right)\left(\cos\alpha_1 - \frac{u}{c_1}\right) .$$

Bei der verlustlosen Gleichdruckturbine erreicht der Wirkungsgrad den Höchstwert 1 bei $u/c_1 = 0{,}5$ (s. Abb. 20), der wirklich erreichbare Höchstwert liegt bei $u/c_1 = \cos\alpha_1/2$, ist also vom Düsenwinkel α_1 abhängig (Abb. 21). Bei Geschwindigkeitsabstufung ist η_u kleiner, wie auf S. 73 und Abb. 34 erläutert, wo auch die Abhängigkeit vom Düsenwinkel besprochen ist. Die Wirkungsgrade η_u sind Parabeln. Bei Überdruckturbinen verläuft für die verlustlose Turbine der Umfangswirkungsgrad nach Abb. 26 S. 68 und hat den Höchstwert 1 für $u/c_1 = 1$. Der wirklich erreichbare Wirkungsgrad ist nach Gl. (46) S. 67.

$$\eta_u = \frac{2 \cdot \frac{u}{c_1} \cos \alpha_1 - \left(\frac{u}{c_1}\right)^2}{2 \cdot \frac{u}{c_1} \cos \alpha_1 - \left(\frac{u}{c_1}\right)^2 + \zeta}$$

und erreicht den Höchstwert (s. Gl. (47)) S. 67 für $u/c_1 = \cos\alpha_1$.

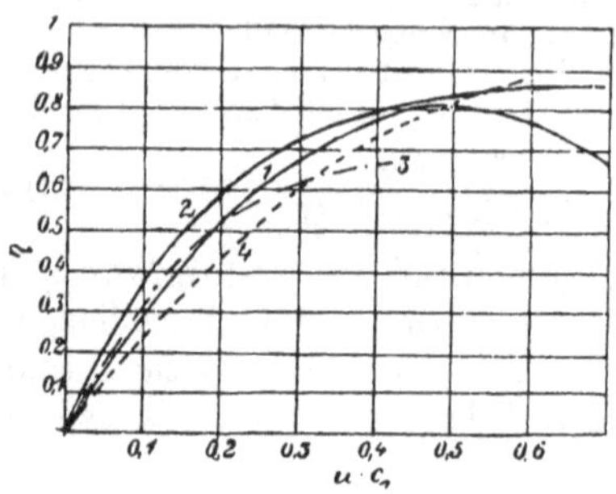

Abb. 45. Vergleich der Wirkungsgrade

Der Umfangswirkungsgrad ist ein Maß für die Güte der Schauflung, d. h. der Energieumsetzung in Leit- und Laufschaufel. Den vergleichenden Verlauf der Umfangswirkungsgrade in Abhängigkeit vom Verhältnis u/c_1 zeigt Abb. 45. Kurve 1 gilt für eine Gleichdruckturbine ohne Ausnutzung der Austrittsgeschwindigkeit c_2 in der folgenden Stufe; Kurve 2 für eine Gleichdruckturbine unter der Annahme, daß die Austrittsgeschwindigkeit zu 66 v. H. ausgenutzt wird. Kurve 3 zeigt η_u für eine Gleichdruckturbine mit zwei Geschwindigkeitsstufen; Kurve 4 gilt für eine Überdruckturbine.

Neuere Untersuchungen s. Literatur A. 11, B. 7, D. 2, E. 2.

Bei Ausnutzung der Austrittsgeschwindigkeit kann der Gesamtwirkungsgrad der Turbine größer sein als derjenige der einzelnen Stufen, denn der erstere wird auf das adiabatische Gefälle, vom Anfangszustand gerechnet, bezogen, der letztere auf das Gefälle der einzelnen Stufen, das durch die ausgenutzte Austrittsgeschwindigkeit und den Wärmerückgewinn (s. S. 103) vergrößert wird. Der Stufenwirkungsgrad bei Ausnutzung der Austrittsgeschwindigkeit ist natürlich größer als ohne Ausnutzung.

Bei der Wahl der Umfangsgeschwindigkeit u wird praktisch nicht das günstigste Verhältnis u/c_1 zugrunde zu legen sein, sondern ein meist wesentlich kleineres, weil erstens der Wirkungsgrad in der Nähe des Scheitels der Kurve nicht sehr stark abnimmt, der Raddurchmesser aber viel kleiner, die Turbine billiger wird, zweitens aber besonders deswegen, weil bei kleinerem u/c_1, also kleinerem Durchmesser, die Radreibung ganz wesentlich kleiner wird und der hierdurch erzielte Gewinn den Verlust an Umfangsleistung überwiegt.

3. Der innere (indizierte) Wirkungsgrad η_i ist das Verhältnis der inneren Leistung L_i (S. 106), die an die Welle abgegeben wird, zur Leistung L der verlustlosen Turbine bzw. der diesen Leistungen äquivalenten Wärmemengen:

$$\eta_i = \frac{L_i}{L} = \frac{h_i}{h_t},$$

er berücksichtigt also noch die Verluste in der Turbine: die Radreibungs- und Ventilationsarbeit und die Spaltverluste zwischen den Stufen. η_i wird auch der Gütegrad genannt. Bei großen Leistungen ist η_i nur wenig kleiner als η_u, bei kleinen ist der Unterschied wesentlich.

Wird der Dampfzustand beim Eintritt und beim Austritt bestimmt (s. Bestimmung der inneren Leistung S. 106, so kann aus dem is-Diagramm der innere Wirkungsgrad einfach ermittelt werden. Ist in Abb. 46 A der Frischdampfzustand (10 at.

220°), D der Endzustand der adiabatischen Expansion, C der wirkliche Endzustand, so ist

$$\eta_i = AB : AD = (i_A - i_B) : (i_A - i_D),$$

wenn i_A, i_B, i_D die den Zuständen A, B, D entsprechenden Wärmeinhalte sind.

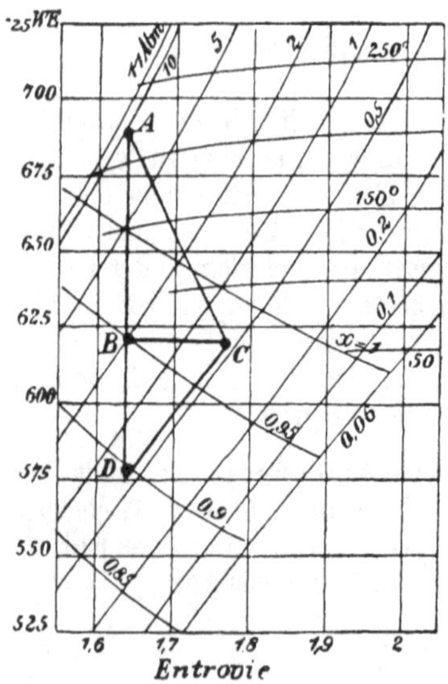

Abb. 46. Ermittlung von η_i im *is*-Diagramm

Trägt man die inneren Wirkungsgrade über u/c_1 auf, so hat die Wirkungsgradkurve für Gleichdruckturbinen einen parabelähnlichen Verlauf. Da die Radreibungs- und Ventilationsverluste mit u bei gleichem n stark zunehmen (wegen des größeren Raddurchmessers), so wird der Höchstwert von η_i bei einem kleineren Wert von u/c_1 liegen als derjenige von η_u; man wird somit das Verhältnis u/c_1 mit Rücksicht auf η_i zu wählen haben.

Bei Geschwindigkeitsstufung kann trotz des geringeren Umfangswirkungsgrades η_u gegenüber reinen Druckstufen (s. Abb. 34) der innere Wirkungsgrad besser sein als bei letzteren, da bei diesen wegen des größeren verarbeiteten Gefälles die Wichte des Dampfes geringer oder bei gleichem Gefälle der Raddurchmesser viel kleiner ist, wodurch die Radreibungsverluste wesentlich geringer werden. Bei Anwendung einer Druckstufe mit Geschwindigkeitsstufen kommt Radreibung und Ventilation nur in der einen Stufe in Frage, Spaltverluste treten nicht auf, während bei mehreren reinen Druckstufen in jeder Stufe diese Verluste auftreten, so daß die Summe in Frage kommt, die jedoch wegen der vollen Beaufschlagung, der kleineren Druckunterschiede (und Austrittsverluste) kleiner ist als bei Geschwindigkeitsstufung in jeder Druckstufe.

Bei großen Leistungen, bei denen die inneren Verluste keine große Rolle spielen, wird reine Druckstufung einen besseren inneren Wirkungsgrad ergeben als Geschwindigkeitsstufung.

Bei Überdruckturbinen kann die Radreibung nur für alle Stufen ermittelt werden, da sie zum größten Teile an den Stirnseiten der Trommeln und Ausgleichkolben auftritt, in den Stufen aber gering ist. Die Spaltverluste sind in den Hochdruckstufen groß.

Da die Radreibung und Ventilation und die Spaltverluste bei sonst gleichen Verhältnissen von der Dampfdichte abhängig sind, so werden die inneren Verluste bei höherer Überhitzung kleiner ausfallen, der innere Wirkungsgrad größer werden, somit vom Dampfzustand abhängig sein. Hohe Überhitzung ist demnach nicht nur wegen des besseren thermischen Wirkungsgrades vorteilhaft, sondern auch wegen des besseren inneren Wirkungsgrades (s. Lewicki, ZVdI. 1903, S. 441).

4. Der mechanische oder Betriebs-Wirkungsgrad η_m ist das Verhältnis der am Wellenstumpf oder an der Vorlegewelle gemessenen effektiven (Nutz-)Leistung L_e zu der inneren Leistung L_i bzw. der den Leistungen äquivalenten Wärmemengen:

$$\eta_m = \frac{N_e}{N_i} = \frac{L_e}{L_i} = \frac{L_i - L_l - L_{str}}{L_i} = \frac{h_e}{h_i}.$$

Der mechanische Wirkungsgrad nimmt mit der Leistung zu, er beträgt für normale Belastung etwa $\eta_m = 0{,}90$ bis $0{,}995$ und wird bei kleinerer Umlaufszahl, wegen des schwereren

Rotors infolge der größeren Raddurchmesser bzw. größerer Stufenzahl, kleiner sein als bei höherer Drehzahl. Der mech. Wirkungsgrad kann durch Bestimmung der Leerlaufsarbeit (s. S. 100) ermittelt werden, ist aber vielfach nicht genau zu bestimmen. Für Neuentwürfe muß er geschätzt werden. Die Zahlentafel unten gibt mittlere Werte.

Mechanische Wirkungsgrade η_m

Leistung kW	η_m	Leistung kW	η_m
bis 100	0,90 ÷ 0,94	1500 ÷ 3000	0,975 ÷ 0,985
100 ÷ 400	0,94 ÷ 0,96	3000 ÷ 6000	0,985 ÷ 0,99
400 ÷ 1000	0,96 ÷ 0,97	6000 ÷ 10000	0,991 ÷ 0,994
1000 ÷ 1500	0,97 ÷ 0,975	10000 ÷ 25000	0,994 ÷ 0,995

5. **Der effektive (Nutz-) Wirkungsgrad** η_e, auch **thermodynamischer** oder Gesamtwirkungsgrad genannt, ist das Verhältnis der Nutzarbeit L_e zur Arbeit der verlustlosen Maschine (Arbeitsvermögen) L bzw. der einer PS entsprechenden Wärmemenge zu der dem Dampfverbrauch der Turbine für diese Leistung entsprechenden Wärmemenge:

$$\eta_e = \frac{L_e}{L} = \frac{h_e}{h_t} = \frac{h_e}{h_i} \cdot \frac{h_i}{h_t} = \eta_m \cdot \eta_i \tag{71}$$

oder aus Gl. (69a) S. 103 bzw. Gl. (67a) S. 104

$$\eta_e = \frac{N_e}{N} = \frac{N_e}{5{,}7 \cdot G_{\text{sek}} \cdot h_t} \tag{72}$$

bzw.

$$\eta_e = \frac{632}{D_e \cdot h_t}, \tag{72a}$$

wenn D_e der gemessene Dampfverbrauch je PS_e-Stunde (s. u.). Durch Messung des Dampfverbrauches kann der Nutzwirkungsgrad η_e für verschiedene Belastungen bestimmt werden. Die Leistungsmessung kann nach den Angaben auf S. 108 erfolgen, der Dampfverbrauch nach S. 122 bestimmt werden und h_t aus dem is-Diagramm entsprechend dem gemessenen Anfangszustand und dem Enddruck abgegriffen werden. Liegt der Anfangszustand im Sättigungsgebiet, so ist die Bestimmung des Dampfgehaltes erforderlich.

Beispiel. Der stündliche Dampfverbrauch einer Turbine sei zu $G_{st} = 5140$ kg/h ermittelt bei $p = 20$ ata, 400° und einem Vakuum im Abdampfstutzen von 94 v. H. (also $p_0 = 0{,}06$ ata); die Leistung sei am direkt gekuppelten Generator, dessen Wirkungsgrad $\eta_{gen} = 0{,}93$ beträgt, mit $N_{el} = 1000$ kW gemessen. Wie groß ist der eff. Wirkungsgrad der Turbine?

Die Turbinenleistung ist nach Gl. (69) S. 108 umgerechnet:

$$N_e = 1{,}36 \frac{N_{el}}{\eta_{gen}} = 1{,}36 \frac{1000}{0{,}93} \cong 1465 \text{ PS}_e.$$

Das verfügbare Gefälle h_t ist (aus dem is-Diagramm): $h_t = 251{,}0$ kcal/kg. Dann ist nach Gl. (72) mit $G_{sek} = G_{st} : 3600$

$$\eta_e = \frac{1465 \cdot 3600}{5{,}7 \cdot 5140 \cdot 251{,}0} = 0{,}718 = 71{,}8 \text{ v. H.},$$

oder nach Gl. (72a) mit $\frac{5140}{1465} = 3{,}51 \text{ kg/PS}_e\text{h} = D_e$

$$\eta_e = \frac{632{,}3}{3{,}51 \cdot 251{,}0} = 0{,}718 = 71{,}8 \text{ v. H.}$$

Da im Gesamtwirkungsgrad die anderen Wirkungsgrade eingeschlossen sind, so ist η_e von den übrigen Wirkungsgraden bzw. von den dieselben beeinflussenden Verhältnissen abhängig, wird somit bei größeren Leistungen zunehmen. Da wegen der inneren Verluste der Wirkungsgrad in den Hochdruckstufen schlechter ist als in den Niederdruckstufen, so haben Gegendruckturbinen einen etwas schlechteren inneren und effektiven Wirkungsgrad als Kondensationsturbinen. Die Zahlentafel auf S. 118 gibt Überschlagswerte der Nutzwirkungsgrade für Kondensationsturbinen und Gegendruckturbinen; dieselben können bei Neuentwürfen zugrunde gelegt werden; die niedrigeren Werte sind leicht erreichbar, die höheren gelten für bessere Ausführung.

Bei Teilbelastungen nehmen die Wirkungsgrade mit sinkender Belastung ab, wodurch der Dampfverbrauch steigt (s. S. 124).

6. Die Qualitätsziffer oder Parsonssche Kennzahl wird häufig statt η_e angegeben zur Beurteilung der Ausnutzung des Dampfes in den Turbinen; darunter versteht man das Verhältnis der Summe der Quadrate der Umfangsgeschwindigkeiten aller Stufen zum adiabat. Gesamtgefälle der Turbine;

$$X = \frac{z \cdot u_m^2}{H}, \tag{73}$$

wobei

$$z u_m^2 = z_1 u_1^2 + z_2 u_2^2 + \cdots,$$

wenn z die Gesamtzahl aller Stufen und $z_1, z_2 \ldots$ die Stufenzahlen gleicher Umfangsgeschwindigkeit, u_m^2 das mittlere Geschwindigkeitsquadrat; ferner ist $H = h_t' + h_t'' + \cdots = \mu H_t$, wenn h_t', h_t'' die Stufengefälle, μ der Wärmerückgewinnungsfaktor ($\mu = 1{,}02 - 1{,}08$, vgl. S. 103) und H_t das ursprüngliche adiabatische Gefälle. Für eine Stufe ist $X = \frac{u^2}{h_t}$; zwischen der „Schnellaufzahl" u/c_0 bzw. der „Schnellströmzahl" c_0/u und der Parsonsschen Kennzahl X besteht die Beziehung zur bequemen Umrechnung $\sqrt{X} \cdot \frac{c}{u} = 91{,}5$.

Effektive (thermodynamische) Wirkungsgrade η_e in v. H.

Leistung PS_e	20	50	100	200	300	400	500	600	800	1000	1250	1500
η_e i. v. H.	20,0 ÷ 25,0	28 ÷ 38	42 ÷ 48	50 54	54 59	58 63	61 65,5	62,5 67,5	66 71,5	68 73	69 74	70 75

Leistung PS_e	2000	3000	4000	5000	6000	8000	10000	15000	20000	25000
η_e in v. H. von	72	74	76	76,5	77	78,5	79	80	81	81,5
bis	77	78,5	80	81,5	82	83,5	84	84,5	85	85,5

Bei den jetzt üblichen Ausführungen liegt X bei Gleichdruckturbinen zwischen 1500 und 2000, bei Überdruckturbinen zwischen 2000 und 3000.

7. Der wirtschaftliche (Brennstoff-)Wirkungsgrad η_w, d. h. das Verhältnis der in Nutzarbeit umgesetzten Wärme (h_e kcal/kg oder je PS 632 kcal/h) zu der im Brennstoff zugeführten Wärme, schließt noch den Kesselwirkungsgrad η_k ein und kann zum Vergleich mit den Verbrennungskraftmaschinen dienen. Es ist, da $\frac{i-i_w}{\eta_k}$ die je kg Dampf in der Kohle zugeführte Wärme

$$(74) \qquad \eta_w = \frac{h_e}{i-i_w} \cdot \eta_k = \frac{h_e}{h_i} \cdot \frac{h_i}{h_t} \cdot \frac{h_t}{i-i_w} \cdot \eta_k$$

$$= \eta_m \cdot \eta_i \cdot \eta_{th} \cdot \eta_k$$

oder

$$\eta_w = \frac{632 \cdot \eta_k}{D_e(i-i_w)} = \frac{632 \cdot h_e}{632\,(i-i_w)} \cdot \eta_k$$

$$= \frac{h_t}{i-i_w} \cdot \eta_m \cdot \eta_i \cdot \eta_k = \eta_{th} \cdot \eta_m \cdot \eta_i \cdot \eta_k$$

also das Produkt der einzelnen Wirkungsgrade. Durch Verbesserungen infolge geeigneter Maßnahmen (s. Bd. II) (hohe Drücke und Temperaturen, Anzapfvorwärmung, Zwischenüberhitzung, gute Kesselanlagen) ist es gelungen, η_w bei neuzeitlichen Anlagen wesentlich zu erhöhen, es sind 28 v. H. erreicht worden (Gasmaschinen 25—28, Dieselmotor 34 bis 36 v. H.). Höhere Wirkungsgrade sind durchaus möglich.

8. Vergleich der Turbinensysteme in bezug auf die Wirkungsgrade.

Der thermische Wirkungsgrad η_{th} ist natürlich für alle Turbinen gleich.

Der Umfangswirkungsgrad η_u ist bei Gleichdruckturbinen mit reinen Druckstufen besser als bei Geschwindigkeitsstufen;

er kann bei ersteren noch verbessert werden durch Ausnutzung der Austrittsgeschwindigkeit in den folgenden Stufen. Der Umfangswirkungsgrad ist auch unabhängig von der Leistung, sofern das günstigste Verhältnis u/c_1 zugrunde gelegt ist. Bei Überdruckturbinen kann η_u höher sein, da die Austrittsgeschwindigkeit vollkommener ausgenutzt werden kann (siehe S. 80), jedoch wird man meist gezwungen sein, ein Verhältnis u/c_1 zu wählen, das kleiner ist als das günstigste (s. S. 67).

Der innere Wirkungsgrad η_i kann bei kleineren Leistungen bei Geschwindigkeitsstufung besser sein als bei reiner Druckstufung, da Radreibungs- und Lässigkeitsverluste bei ersteren kleiner sind. Bei größeren Leistungen, bei denen diese Verluste relativ gering sind, haben reine Druckstufen bessere Wirkungsgrade; sie erfordern jedoch für kleine Raddurchmesser viel Stufen oder bei wenig Stufen große Durchmesser, somit teure und schwerere Aggregate. Bei Überdruckturbinen sind die Radreibungsverluste gering; dagegen sind bei kleineren Leistungen die Lässigkeitsverluste groß, besonders in den Hochdruckstufen. Langsamlaufende Turbinen haben meist schlechfere Wirkungsgrade η_u und η_i, da wegen der geringeren Umtangsgeschwindigkeit u/c_1 unter dem günstigsten liegt oder viel Stufen bzw. große Durchmesser mit den Nachteilen derselben angewendet werden müssen. Der Umfangswirkungsgrad wird häufig in den letzten Stufen, in denen zur Vermeidung zu langer Schaufeln die Winkel größer und größere Gefälle, also größere c_1 bei gleichem u gewählt werden, wieder abnehmen. Dagegen wird η_i wegen der Abnahme der inneren Verluste in den Niederdruckstufen zunehmen. Der mechanische Wirkungsgrad wird unter sonst gleichen Umständen bei Turbinen mit leichtem Rotor höher sein als bei solchen mit schwerem, mehrfach gelagertem, also mehrgehäusigen und mehrwelligen Turbinen; deshalb bei schnellaufenden Turbinen höher als bei langsamlaufenden, ohne Vorgelege höher als mit diesem. Im allgemeinen aber wird η_m bei allen Systemen nicht wesentlich verschieden sein.

Der effektive Wirkungsgrad, der von den vorgenannten Wirkungsgraden abhängig ist, ist für alle Systeme fast gleich, da sich die Unterschiede in den Wirkungsgraden η_u, η_i und η_m ausgleichen: ein günstigstes η_u zieht meist größere innere Verluste nach sich und umgekehrt. Praktisch bestehen somit im allgemeinen keine wesentlichen Vorteile einer Bauart gegenüber den anderen; im Einzelfalle aber sind es nach obigen Vergleichen gewisse Eigenschaften der Turbinen für die jeweils vorliegenden Verhältnisse — Größe der Leistung, Umlaufszahl u. a. m. —, welche die eine oder die andere Art zweckmäßiger erscheinen lassen.

Vierter Abschnitt

Dampf-, Wärme- und Kohleverbrauch
Verhalten bei veränderlichen Betriebsverhältnissen
Wärmewirtschaftlicher Vergleich

I. Dampfverbrauch

1. Der theoretische Dampfverbrauch, d. h. die in der verlustlosen Turbine für eine PS in der Stunde erforderliche Dampfmenge in kg, ist, da 1 PS = 75 mkg/s = 75 · 3600 mkg/h und jedes kg Dampf theoretisch L mkg leistet,

$$D_{th} = \frac{75 \cdot 3600}{L} \text{ kg/PSh}$$

oder mit $L = \frac{h_t}{A} = 427\,(i - i_0)$

$$D_{th} = \frac{270000}{427\,(i - i_0)} = \frac{632}{h_t} \text{ kg/PSh.} \tag{75}$$

Für eine Kilowattstunde ist dann der Dampfverbrauch

(75a) $$D_{th} = \frac{632 \cdot 1{,}36}{h_t} = \frac{860}{h_t} \text{ kg/kWh}.$$

Der Dampfverbrauch der verlustlosen Maschine kann somit bequem mit Hilfe des verfügbaren Gefälles h_t ermittelt werden.

Beispiel. Für $p = 12$ ata, 300° C, $p_0 = 0{,}06$ ist $h_t = 209{,}6$ (aus dem *is*-Diagramm) und somit

$$D_{th} = \frac{632}{209{,}6} = 3{,}015 \text{ kg/PSh}.$$

2. Der innere (indizierte) Dampfverbrauch D_i, d. h. der auf die innere Leistung bezogene ist analog:

(76) $$D_i = \frac{632}{AL_i} = \frac{632}{h_i} = \frac{632}{h_t \cdot \eta_i} \text{ kg/PS}_i\text{h}.$$

Ist der innere Wirkungsgrad η_i durch Rechnung (S. 113) oder durch Messung der inneren Leistung (S. 106) ermittelt, so kann der innere Dampfverbrauch leicht bestimmt werden; jedoch ist die Messung der inneren Leistung vielfach umständlicher als bei Kolbendampfmaschinen. Da die innere Leistung der Turbine nicht die Rolle spielt wie bei Kolbenmaschinen, so wird der innere Dampfverbrauch selten in Frage kommen. Viel wichtiger ist

3. der effektive Dampfverbrauch D_e, der auf die Leistung am Wellenende bezogene, also auf die Nutzleistung:

(77) $$D_e = \frac{632}{AL_e} = \frac{632}{h_e} = \frac{632}{h_t \cdot \eta_e} \text{ kg/PS}_e\text{h}$$

oder auf die von dem Generator abgegebene elektrische Leistung in kW bezogene, unter Berücksichtigung des Generatorwirkungsgrades η_{gen}:

(77a) $$D_e = \frac{632}{0{,}736 \cdot h_e \cdot \eta_{gen}} = \frac{860}{h \cdot \eta_e \cdot \eta_{gen}} \text{ kg/kWh}.$$

Ferner kann der Nutzdampfverbrauch einschließlich oder ausschließlich der für die Kondensation aufzuwendenden Arbeit angegeben werden, da diese von der Nutzleistung abgerechnet werden muß, um die am Wellenende bzw. an dem Generator verfügbare Leistung zu erhalten. Ist N_e die gewünschte Nutzleistung, so muß die Turbine für die Kondensationsarbeit nach N_kPS aufbringen, zusammen somit $N_e + N_k$. Ist D_e der Dampfverbrauch für 1 PS$_e$h am Wellenende – nach Gl. (77) bzw. (77a) zu ermitteln –, so wird der Dampfverbrauch einschließlich Kondensationsarbeit

$$(78) \qquad D'_e = \frac{(N_e + N_k) D_e}{N_e} \text{ kg/PS}_e\text{h}.$$

Die Größe des Arbeitsaufwandes für die Kondensation richtet sich unter sonst gleichen Verhältnissen nach Kühlwassermenge und der Förderhöhe desselben (Kühlturm, freier Ablauf o. a.), sie beträgt etwa 2–5 v. H. der Nutzleistung.

Der effektive Dampfverbrauch kann aus obigen Gleichungen (77), (77a), (78) ermittelt werden, sofern der Wirkungsgrad η_e bzw. auch η_{gen} bekannt oder bestimmt ist. Da zur Berechnung von η_e für die Bestimmung der inneren Verluste, auf 1 kg Dampf bezogen, die Dampfmenge bekannt sein muß, so ist sie zunächst zu schätzen oder nach Erfahrungswerten anzunehmen, oder aber es wird η_e aus Zahlentafel S. 118 angenommen und muß mit dem aus der Berechnung der Turbine sich ergebenden übereinstimmen, anderenfalls wäre die Berechnung mit einer anderen Annahme noch durchzuführen (s. Teil II).

Beispiel. Für $N_e = 1000$ PS$_e$, $n = 3000$ und $N_k = 30$ PS$_e$ bei $p = 16$ ata 340°, $p_1 = 0{,}06$ ist nach Zahlentafel S. 118 $\eta_e = 0{,}7$, $h_t = 223{,}8$ kcal/kg und der Dampfverbrauch ausschließlich Kondensationsarbeit nach Gl. (77)

$$D_e = \frac{632}{223{,}8 \cdot 0{,}70} = 4{,}03 \quad \text{g/PS}_e\text{h}$$

und einschließlich Kondensationsarbeit nach Gl. (78)

$$D'_e = \frac{1000 + 30}{1000} \cdot 4{,}03 = 1{,}03 \cdot 4{,}03 = 4{,}15 \text{ kg/PS}_e\text{h}.$$

Da der effektive Wirkungsgrad mit der Größe der Leistung zunimmt (s. Zahlentafel, S. 118), so nimmt der effektive Dampfverbrauch D_e mit Zunahme der Leistung ab.

Bei Belastungsänderungen (Teilbelastung oder Überlastung) tritt ebenfalls eine Änderung des Dampfverbrauches ein, die von der Art Regelung der Leistung (Drossel- oder Mengenregelung, s. Teil III) abhängt, und zwar wird der Dampfverbrauch bei Abweichungen von der Normallast (Volllast) zunehmen.

Man kann den Dampfverbrauch für Kondensationsturbinen bei Teillast bestimmen durch folgende Zahlentafel:

Zuschläge für Teilbelastungen bei Drosselregelung

Teilbelastung	$^3/_4$	$^1/_2$	$^1/_4$	Last
Zuschläge zum Dampfverbrauch in v. H.	3 v. H.	9 v. H.	21 v. H.	bei gleichbleibender Kühlwassermenge
	4 v. H.	11 v. H.	24 v. H.	bei gleichbleibendem Vakuum

Zuschläge für Überlastung durch Zuschaltventil

Überlastung	10 v. H.	15 v. H.	20 v. H.	25 v. H.
Zuschlag in v. H.	0	1	2	3

Bei Gegendruckturbinen kann für $^3/_4$ Last 7 v. H. und bei $^1/_2$ Last 21 v. H. höherer Dampfverbrauch angenommen werden.

Beispiel. Für $N_e = 2000$ PS$_e$, $n = 3000$ $p = 18$ ata, 350°, $p_0 = 0{,}06$ ist nach Zahlentafel S. 118 $\eta_e = 0{,}75$ und mit $h_t =$ 234,1 kcal/kg wird

$$\text{für Vollast } D_e = \frac{632}{234{,}1 \cdot 0{,}75} = 3{,}60 \text{ kg/PS}_e\text{h},$$

$$\text{für } ^3/_4\text{Last } D_e(^3/_4) = 3{,}60 \cdot 1{,}03 = 3{,}72 \text{ kg/PS}_e\text{h},$$

$$\text{für } ^1/_2\text{Last } D_e(^1/_2) = 3{,}60 \cdot 1{,}09 = 3{,}92 \text{ kg/PS}_e\text{h},$$

$$\text{für } ^5/_4\text{Last } D_e(^5/_4) = 3{,}60 \cdot 1{,}03 = 3{,}72 \text{ kg/PS}_e\text{h}.$$

Die sekundliche Dampfmenge ist dann

$$\text{bei Vollast } G_{\text{sek}} = \frac{N_e D_e}{3600} = \frac{2000 \cdot 3{,}60}{3600} = 2{,}00 \text{ kg/s},$$

$$\text{bei } {}^3/_4\text{Last } G_{\text{sek}}\,({}^3/_4) = \frac{1500 \cdot 3{,}72}{3600} = 1{,}550 \text{ kg/s},$$

$$\text{bei } {}^1/_2\text{Last } G_{\text{sek}}\,({}^1/_2) = \frac{1000 \cdot 3{,}92}{3600} = 1{,}089 \text{ kg/s}.$$

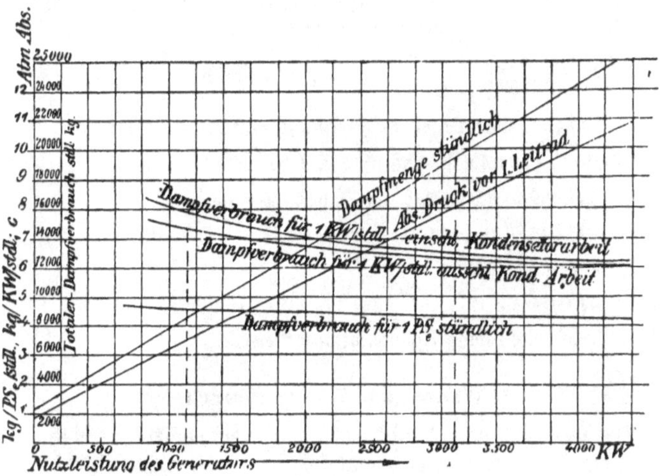

Abb. 47. Dampfverbrauch

Abb. 47 zeigt den Dampfverbrauch für 1 kW-Stunde einschließlich bzw. ausschließlich Kondensationsarbeit sowie den Verbrauch für 1 PS_e/Stunde und die stündliche Dampfmenge, abhängig von der Leistung bei Drosselregelung. Der Leerlaufs-Dampfverbrauch beträgt bei dieser Regelungsart etwa 10 v. H. des Verbrauches bei Vollast; der Dampfverbrauch/Stunde nimmt mit der Leistung nach einer Geraden zu.

Die Änderung des Dampfverbrauches für andere Vakua beträgt:

für je 1 v. H. besseres Vakuum Ermäßigung um 1,5 v. H.
für je 2 v. H. schlechteres Vakuum Erhöhung um 1,6 v. H.

gültig bis herunter auf 85 v. H. Vakuum.

Änderung für andere Temperaturen:

für je $\pm$ 7° um $\mp$ 1 v. H. von 225° bis 350°.

Beispiel. Für $N_e = 2000$ PS$_e$, $n = 3000$ $p = 16$ ata, 300° C, $p_0 = 0{,}06$ at ist nach Zahlentafel S. 118 $\eta_e = 0{,}75$, und mit $h_t = 218{,}3$ kcal/kg aus dem *is*-Diagramm

$$D_e = \frac{632}{218{,}3 \cdot 0{,}75} = 3{,}86 \text{ kg/PS}_e\text{h}.$$

Dann ist beim selben Druck, 310° C und $p_0 = 0{,}05$ ata die Änderung für $+10° \ \frac{10}{7} = 1{,}4$ v. H. und für 1 v. H. besseres Vakuum 1,5 v. H., zusammen 2,9 v. H., so daß der Dampfverbrauch

$$D_e = 3{,}86\,(1 - 0{,}029) = 3{,}86 \cdot 0{,}971 = 3{,}75 \text{ kg/PS}_e\text{h}$$

wird, und für $^1/_2$ Last

$$D_e(^1/_2) = 3{,}75 + 9 \text{ v. H.} = 1{,}09 \cdot 3{,}75 = 4{,}09 \text{ kg/PS}_e\text{h}.$$

Die Werte gelten ohne Kondensationsarbeit.

II. Wärme- und Kohleverbrauch

Der Dampfverbrauch gibt nicht immer ein eindeutiges Maß von der Güte der Wärmeausnutzung in der Maschine, da der Verbrauch vom Dampfzustand abhängig ist; bei Dampf mit höherem Wärmeinhalt wird der Dampfverbrauch natürlich geringer sein als bei niedrigerem Wärmeinhalt, jedoch erfordert der erstere mehr Wärme zu seiner Erzeugung, also mehr Brennstoff. Man könnte folglich nur bei gleichem Dampfzustand Vergleiche ziehen. Um nun vom Dampfzustand unabhängig zu sein, ist es zweckmäßig, statt des Dampfverbrauches den Wärmeverbrauch für 1 PSh zu betrachten. Zwar ist auch der Wärmeverbrauch nicht unabhängig vom Zustand, d. h. von Druck, Temperatur, Gegendruck bzw. Vakuum, jedoch wird man an sich Vergleiche bei ähnlichen Betriebsverhältnissen anstellen, so daß der Wärmeverbrauch durch den Dampfzustand wenig beeinflußt wird.

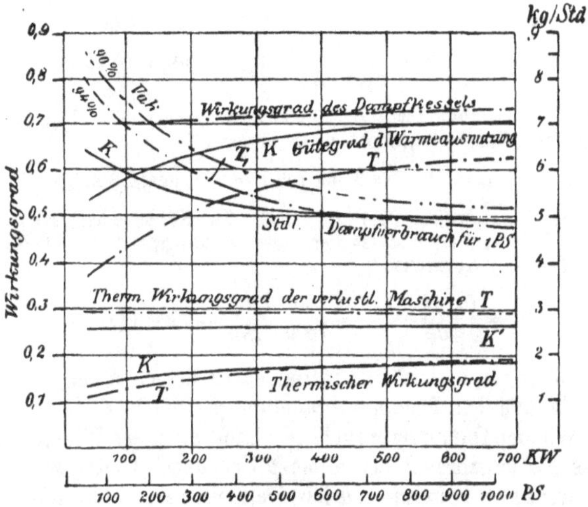

Abb. 48

Aus dem Dampfverbrauch kann der Wärmeverbrauch ermittelt werden. Ist D_e der Dampfverbrauch in kg/PS$_e$h und i der Wärmeinhalt, so ist der Wärmeverbrauch im Dampf

$$Q_e = D_e \cdot (i - i_w) \text{ kcal/PS}_e\text{h}. \tag{79}$$

Unter Berücksichtigung des Kesselwirkungsgrades η_k kann der Wärmeverbrauch in der Kohle und der Kohleverbrauch C kg/PS$_e$h und damit die reinen Betriebskosten — die Dampfkosten — ermittelt werden.

Die Erzeugungswärme λ ist bei einer Speisewassertemperatur t_w $\lambda = (i - t_w)$ kcal/kg, und mit dem unteren Heizwert H der Kohle ist dann der Kohleverbrauch:

(80) $$C = \frac{D_e \cdot \lambda}{H \cdot \eta_k} \text{ kg/PS}_e\text{h}.$$

Beispiel. Für $N_e = 3000$ PS$_e$, $n = 3000$, $p = 20$ ata, 360°, $p_0 = 0{,}06°$ ist $h_t = 240{,}0$ kcal/kg und nach Zahlentafel S. 118 $\eta_e = 0{,}76$, somit

$$D_e = \frac{632}{240 \cdot 0{,}76} = 3{,}46 \text{ kg/PS}_e\text{h}.$$

Der Wärmeinhalt ist $i = 753{,}7$ kcal/kg (aus dem is-Diagramm) und der Wärmeverbrauch auf 0° bezogen

$$Q = D_e \cdot i = 3{,}46 \cdot 753{,}7 = 2608 \text{ kcal/PS}_e\text{h}.$$

Hat das Speisewasser $t_w = 25°$, die Kohle einen Heizwert $H = 7500$ kcal/kg und ist der Kesselwirkungsgrad $\eta_k = 0{,}75$, so ist der Kohleverbrauch

$$C = \frac{D_e \cdot (i - t_w)}{H \cdot \eta_k} = \frac{3{,}46 \cdot 728{,}7}{7500 \cdot 0{,}75} = 0{,}448 \text{ kg/PS}_e\text{h}.$$

Unter sonst gleichen Umständen ist demnach der Wärmeverbrauch dem Dampfverbrauch proportional.

Wie der Dampfverbrauch, so nimmt auch der Wärme- und der Kohleverbrauch bei größeren Leistungseinheiten ab.

Wird zum Vorwärmen des Kesselspeisewassers Anzapfdampf aus der Turbine benutzt, so steigt zwar der Dampfverbrauch, jedoch wird der Wärmeverbrauch niedriger, und zwar um so mehr, je mehr Vorwärm- (also Anzapf-)Stufen und je höher die Vorwärmtemperatur (Regenerationsverfahren).

Nachstehende Zahlentafel gibt den Dampf-, Wärme- und Kohleverbrauch für 1 PS$_e$h für 20 ata, 380°, 95 v. H. Luftleere, $t_w = 30°$ und $\eta_k = 0{,}75$.

Zum Vergleich mit anderen Wärmekraftmaschinen ist der Wärmeverbrauch auch einschließlich der Kesselanlage angegeben worden. Dazu sind die Werte des Wärmeverbrauches im Dampf durch den Kesselwirkungsgrad dividiert, z. B. für 3000 PS$_e$ ist dieser Verbrauch $2430 : 0{,}75 = 3240$ kcal/PS$_e$h bezogen auf 30° Speisewassertemperatur.

Dampf-, Wärme- und Kohleverbrauch für 1 PS$_e$h
$p = 20$ ata, 380^0, $p_0 = 0{,}05$, $t_w = 30^0$, $\eta_k = 0{,}75$,
$H = 7500$ kcal/kg

Leitung PS$_e$	200	300	400	500	800	1000	2000	3000	5000
Dampfverbrauch kg/PS$_e$	4,84	4,46	4,16	3,98	3,66	3,57	3,38	3,30	3,19
Wärmeverbrauch kcal/PS$_e$h (im Dampf)	3560	3280	3060	2930	2960	2630	2490	2430	2350
Wärmeverbrauch kcal/PS$_e$h (in der Kohle)	4750	4370	4080	3910	3590	3500	3320	3240	3135
Kohleverbrauch kg/PS$_e$h	0,633	0,583	0,544	0,521	0,479	0,467	0,443	0,432	0,418

III. Allgemeines Verhalten der Dampfturbinen unter veränderten Betriebsverhältnissen

Außer der Güte der Wärmeausnutzung in der Turbine ist noch der allgemeine Einfluß der Betriebsverhältnisse auf die Ausnutzung, besonders aber das Verhalten bei anderen Betriebsverhältnissen als der Berechnung zugrunde gelegt, von Bedeutung. Der allgemeine Einfluß von Druck, Temperatur, Vakuum, Belastungsänderungen auf die Ausnutzung der Wärme in der Turbine ist aus der Änderung der Wirkungsgrade bzw. des Dampfverbrauches aus den vorhergehenden Betrachtungen ersichtlich.

Wichtig ist jedoch auch das Verhalten der für bestimmte Verhältnisse berechneten und ausgeführten Turbine bei Änderung von Temperatur, Anfangs- und Enddruck und Umlaufzahl.

Eine Änderung des Druckes vor der Turbine wird meist nur in engen Grenzen eintreten und den Wirkungsgrad nur wenig beeinflussen (s. S. 109). Da bei gleichbleibender Temperatur und gleichem Gegendruck mit Erhöhung des Druckes das Gefälle zunimmt, wird der Dampfverbrauch abnehmen und umgekehrt. Dagegen tritt beim Regeln der Leistung durch

Drosseln im Regelventil eine Druckverminderung vor Eintritt in die Leitvorrichtung ein. Bei Vollast wird die Drosselung nur gering sein, dagegen wird bei Teilbelastung der Druck vor der Leitvorrichtung der Leistung proportional sein, was auf die Wirkung in den einzelnen Stufen von wesentlichem Einfluß ist. Ein nicht erweiterter Leitkanal wird hierbei richtig arbeiten, während sich bei erweiterten Düsen mit dem Druckverhältnis auch das erforderliche Erweiterungsverhältnis ändert, und zwar kleiner wird, die Düse also zu lang ist (s. S. 53). Sind mehrere Druckstufen vorhanden, so wird das für diese verfügbare Gefälle klein sein, da das Wärmegefälle der ersten Stufe wenig geändert wird, es wird somit die Dampfgeschwindigkeit c_1 (s. Abb. 18) kleiner, der Winkel der relativen Geschwindigkeit w_1 eventuell größer als der Schaufelwinkel β_1, die Folge ist ein Stoß auf den Schaufelrücken (s. S. 85), wodurch der Dampfverbrauch bei Teillast erhöht wird. Näheres über den Einfluß der Regelung s. Teil III.

An sich ist hoher Eintrittsdruck nur bei entsprechend hoher Temperatur zweckmäßig, da anderenfalls die Endnässe in den letzten Stufen zu groß wird ($x < 0{,}9$), was zu Schaufelschäden führen kann.

Eine Änderung der Temperatur bewirkt eine Änderung des verfügbaren Gefälles im gleichen Sinne. Bei höherer Temperatur wird das Volumen zunehmen, ebenso die Geschwindigkeit, jedoch in geringerem Maße, so daß die Dampfmenge bei gleichen Querschnitten etwas kleiner wird, aber da auch das Arbeitsvermögen steigt, so wird meist die Leistung größer, zumal die Reibungs- und Lässigkeitsverluste abnehmen. Der thermische Wirkungsgrad wächst, dagegen wird der Umfangswirkungsgrad wegen des ungünstigeren Verhältnisses u/c_1 (infolge höheren c_1) kleiner. Der Gesamtwirkungsgrad ändert sich wenig, der Dampfverbrauch nimmt wegen des größeren verfügbaren Gefälles ab. Bei erweiterten Düsen wird das Erweiterungsverhältnis derselben etwas zu klein, was aber nicht ungünstig ist (s. S. 54). Bei abnehmender Temperatur ist die Wirkung die umgekehrte.

Bei Änderung des Gegendruckes – Vakuum oder Überdruck – werden nur die letzten Stufen beeinflußt, und zwar beim Drosseln des Frischdampfes mehr als ohne Droßlung (Mengenreglung). Bei erhöhtem Gegendruck ist das Gefälle der letzten Stufe klein, eventuell gleich Null – die Stufe läuft leer, sie verzehrt die Radreibungsarbeit. Wird der Gegendruck ermäßigt, das Vakuum erhöht, so erhöht sich das Gefälle der letzten Stufe und kann, wie Versuche (Lösel, ZVdI. 1912) zeigen, noch ausgenutzt werden, trotzdem die Querschnitte für den höheren Enddruck bemessen sind. Bollier (Escher Wyss-Mitteil. 1939) hat jedoch nachgewiesen, daß die Ausnutzung des Vakuum nur bis zu einer bestimmten Höhe möglich ist, so daß eine weitere Erhöhung nur unnütze Kosten (mehr Kühlwasser, größere Kühlflächen) verursachen würde.

Eine Änderung der Umlaufszahl kommt in weiteren Grenzen nur dann in Frage, wenn dadurch eine Änderung der Förderhöhe oder der Liefermenge der angetriebenen Maschinen, also Kompressoren, Gebläse und Pumpen, bewirkt werden soll. Eine niedrigere Umlaufszahl, also kleinere Umfangsgeschwindigkeit u zieht ein ungünstigeres Verhältnis u/c_1 nach sich, somit geringeren Umfangswirkungsgrad und trotz kleinerer Radreibung eine kleinere Leistung bei gleicher Dampfmenge. Bei 20 v. H. niedrigerer Umlaufszahl als die normale erhöht sich der Dampfverbrauch um etwa 8 v. H. Eine Erhöhung der Umlaufszahl wird zwar einen höheren Wert des Verhältnisses u/c_1 bewirken, der aber nur so lange günstig ist, als die erhöhte Radreibung nicht den Vorteil aufwiegt und kein Stoß auf den Schaufelrücken eintritt.

Dampfturbinen sind gegen Änderungen der Umlaufszahl viel empfindlicher und lassen im allgemeinen keine so großen Änderungen zu wie Kolbenmaschinen. Bei Schiffsturbinen, die eine bedeutende Veränderlichkeit der Umlaufszahl haben müs-

$p =$ ata	1	2	3	4	5	6	8	10	12	14	16
$i'' =$	638,5	645,8	650,3	653,4	655,8	657,8	660,8	663,0	664,7	666,0	667,1
140°	658,5	656,7	654,4	–	–	–	–	–	–	–	–
150	663,2	661,6	659,9	657,7	–	–	–	–	–	–	–
160	667,9	666,5	665,0	663,3	661,3	659,1	–	–	–	–	–
180	677,2	676,0	674,8	673,5	672,2	670,7	667,5	663,6	–	–	–
200	686,5	685,4	684,4	683,3	682,2	681,1	678,7	676,1	673,3	670,2	–
220	695,8	694,9	694,0	693,0	692,1	691,1	689,2	687,2	684,9	682,7	680,3
240	705,2	704,3	703,5	702,7	701,9	701,0	699,3	697,6	695,8	694,0	692,0
250	709,9	709,1	708,3	707,5	706,8	706,0	704,4	702,8	701,1	699,4	697,6
260	714,6	713,8	713,1	712,4	711,6	710,9	709,4	707,9	706,3	704,7	703,1
280	724,0	723,3	722,7	722,0	721,4	720,7	719,3	717,9	716,6	715,2	713,8
300	733,5	732,9	732,3	731,7	731,1	730,5	729,3	728,1	726,8	725,6	724,4
320	743,1	742,5	742,0	741,4	740,9	740,3	739,2	738,2	737,0	735,9	734,8
340	752,7	752,2	751,7	751,2	750,7	750,2	749,2	748,2	747,2	746,2	745,2
350	757,5	757,0	756,5	756,1	755,6	755,1	754,2	753,3	752,3	751,3	750,4
360	762,3	761,9	761,4	761,0	760,5	760,1	759,2	758,3	757,4	756,4	755,5
380	772,1	771,7	771,2	770,8	770,4	770,0	769,2	768,4	767,5	766,7	765,9
400	781,9	781,5	781,1	780,7	780,4	780,0	779,2	778,4	777,7	776,9	776,2
420	791,8	791,4	791,1	790,7	790,4	790,0	789,3	788,6	787,9	787,2	786,5
440	801,7	801,4	801,1	800,8	800,5	800,1	799,5	798,8	798,2	797,6	796,9
450	806,7	806,4	806,1	805,8	805,5	805,2	804,6	804,0	803,3	802,7	802,4
460	811,8	811,5	811,2	810,9	810,6	810,3	809,7	809,1	808,5	807,9	807,3
480	821,9	821,7	821,4	821,1	820,8	820,6	820,0	819,4	818,9	818,3	817,8
500	832,1	831,9	831,6	831,4	831,1	830,9	830,4	829,8	829,4	828,8	828,3

Zahlentafel 2. Spezifisches Volumen

$p =$ ata	1	2	3	4	5	6	8	10	12	14	16
v''	1,725	0,9016	0,6166	0,4706	0,3816	0,3213	0,2448	0,1981	0,1664	0,1435	0,1262
140°	1,927	0,9546	0,6297	–	–	–	–	–	–	–	–
150	1,976	0,9796	0,6473	0,4807	–	–	–	–	–	–	–
160	2,024	1,004	0,6644	0,4941	0,3918	0,3233	–	–	–	–	–
180	2,120	1,053	0,6978	0,5199	0,4132	0,3418	0,2526	0,1987	–	–	–
200	2,215	1,102	0,7307	0,5451	0,4337	0,3594	0,2665	0,2105	0,1731	0,1463	–
220	2,311	1,150	0,7634	0,5700	0,4539	0,3765	0,2797	0,2215	0,1828	0,1549	0,1341
240	2,406	1,198	0,7958	0,5946	0,4738	0,3933	0,2927	0,2322	0,1919	0,1631	1,1414
250	2,453	1,222	0,8120	0,6069	0,4837	0,4017	0,2991	0,2375	0,1964	0,1670	0,1449
260	2,501	1,246	0,8282	0,6191	0,4936	0,4100	0,3054	0,2427	0,2008	0,1709	0,1484
280	2,596	1,294	0,8604	0,6434	0,5132	0,4265	0,3180	0,2529	0,2095	0,1785	0,1552
300	2,691	1,342	0,8924	0,6677	0,5328	0,4429	0,3305	0,2630	0,2181	0,1859	0,1618
320	2,785	1,390	0,9244	0,6918	0,5522	0,4592	0,3429	0,2731	0,2265	0,1933	0,1684
340	2,880	1,437	0,9563	0,7159	0,5716	0,4754	0,3552	0,2830	0,2349	0,2006	0,1748
350	2,927	1,461	0,9723	0,7279	0,5813	0,4835	0,3613	0,2880	0,2391	0,2042	0,1780
360	2,975	1,485	0,9882	0,7399	0,5909	0,4915	0,3674	0,2929	0,2433	0,2078	0,1812
380	3,069	1,509	1,020	0,7638	0,6101	0,5077	0,3796	0,3028	0,2515	0,2150	0,1875
400	3,164	1,580	1,052	0,7877	0,6293	0,5237	0,3918	0,3126	0,2598	0,2220	0,1937
420	3,258	1,627	1,083	0,8116	0,6485	0,5398	0,4039	0,3223	0,2679	0,2291	0,2000
440	3,353	1,674	1,115	0,8354	0,6676	0,5558	0,4159	0,3320	0,2761	0,2361	0,2062
450	3,400	1,698	1,132	0,8473	0,6772	0,5637	0,4219	0,3369	0,2801	0,2396	0,2092
460	3,447	1,722	1,147	0,8592	0,6867	0,5717	0,4280	0,3417	0,2842	0,2431	0,2123
480	3,541	1,769	1,179	0,8830	0,7058	0,5876	0,4400	0,3514	0,2923	0,2501	0,2184
500	3,636	1,816	1,210	0,9068	0,7248	0,6036	0,4519	0,3610	0,3003	0,2570	0,2245

18	20	25	30	35	40	50	60	70	80	90	100
667,9	668,5	669,4	669,7	669,5	669,0	667,3	665,0	662,1	658,9	655,1	651,1
–	–	–	–	–	–	–	–	–	–	–	–
–	–	–	–	–	–	–	–	–	–	–	–
–	–	–	–	–	–	–	–	–	–	–	–
–	–	–	–	–	–	–	–	–	–	–	–
–	–	–	–	–	–	–	–	–	–	–	–
677,7	674,9	–	–	–	–	–	–	–	–	–	–
690,0	688,0	682,2	675,7	–	–	–	–	–	–	–	–
695,7	694,0	688,9	683,3	676,9	669,8	–	–	–	–	–	–
701,4	699,8	695,2	690,3	684,8	678,7	–	–	–	–	–	–
712,4	710,9	707,1	703,1	698,8	694,2	683,6	671,1	–	–	–	–
723,2	721,9	718,6	715,2	711,6	707,8	699,5	690,0	679,2	666,8	–	–
733,7	732,6	729,6	726,8	723,6	720,5	713,6	706,0	697,7	688,3	677,7	666,0
744,2	743,2	740,6	738,0	735,3	732,5	726,6	720,4	713,6	706,2	698,1	689,2
749,4	748,5	746,0	743,6	741,0	738,3	732,9	727,1	721,0	714,3	707,1	699,2
754,6	753,7	751,4	749,1	746,6	744,1	739,1	733,7	728,1	722,0	715,5	708,4
765,0	764,2	762,1	760,0	757,8	755,5	751,1	746,4	741,5	736,4	730,9	725,2
775,4	774,7	772,7	770,8	768,8	766,8	762,8	758,7	754,4	750,0	745,3	740,4
785,8	785,1	783,3	781,6	779,8	778,0	774,3	770,6	766,8	762,9	758,8	754,6
796,3	795,6	794,0	792,4	790,7	789,1	785,7	782,4	778,9	775,4	771,8	768,1
801,5	800,8	719,3	797,7	796,1	794,6	791,4	788,2	784,9	781,6	776,1	774,7
806,7	806,1	804,6	803,1	801,6	800,1	797,0	793,9	790,8	787,6	784,4	781,1
817,2	816,7	815,3	813,9	812,5	811,1	808,3	805,5	802,6	799,7	796,8	793,8
827,8	827,3	826,0	824,7	823,4	822,1	819,5	816,9	814,3	811,6	808,9	806,2

m^3/kg überhitzten Dampfes

18	20	25	30	35	40	50	60	70	80	90	100
0,1126	0,1016	0,0816	0,0680	0,0582	0,0508	0,0402	0,0331	0,0280	0,0240	0,0210	0,0185
–	–	–	–	–	–	–	–	–	–	–	–
–	–	–	–	–	–	–	–	–	–	–	–
–	–	–	–	–	–	–	–	–	–	–	–
–	–	–	–	–	–	–	–	–	–	–	–
–	–	–	–	–	–	–	–	–	–	–	–
0,1177	0,1046	–	–	–	–	–	–	–	–	–	–
0,1245	0,1110	0,0865	0,0699	–	–	–	–	–	–	–	–
0,1278	0,1140	0,0981	0,0723	0,0602	0,0510	–	–	–	–	–	–
0,1309	0,1169	0,0916	0,0746	0,0624	0,0531	–	–	–	–	–	–
0,1371	0,1226	0,0964	0,0789	0,0664	0,0569	0,0434	0,0341	–	–	–	–
0,1431	0,1281	0,1010	0,0830	0,0700	0,0603	0,0465	0,0371	0,0303	0,0250	–	–
0,1490	0,1334	0,1055	0,0868	0,0735	0,0634	0,0493	0,0398	0,0329	0,0276	0,0233	0,0199
0,1548	0,1387	0,1098	0,0906	0,0768	0,0664	0,0519	0,0421	0,0351	0,0297	0,0256	0,0221
0,1576	0,1413	0,1120	0,0924	0,0784	0,0679	0,0531	0,0433	0,0361	0,0307	0,0265	0,0231
0,1605	0,1439	0,1141	0,0942	0,0800	0,0693	0,0544	0,0443	0,0371	0,0317	0,0274	0,0240
0,1661	0,1491	0,1183	0,0978	0,0832	0,0722	0,0567	0,0464	0,0391	0,0335	0,0291	0,0256
0,1717	0,1542	0,1225	0,1013	0,0862	0,0749	0,0590	0,0484	0,0409	0,0352	0,0307	0,0271
0,1773	0,1592	0,1266	0,1048	0,0893	0,0776	0,0613	0,0504	0,0426	0,0367	0,0322	0,0285
0,1829	0,1642	0,1307	0,1083	0,0923	0,0803	0,0635	0,0523	0,0443	0,0383	0,0336	0,0298
0,1856	0,1667	0,1327	0,1100	0,0938	0,0816	0,0646	0,0532	0,0451	0,0390	0,0343	0,0305
0,1884	0,1692	0,1347	0,1117	0,0952	0,0829	0,0657	0,0541	0,0459	0,0397	0,0349	0,0311
0,1938	0,1741	0,1387	0,1151	0,0982	0,0855	0,0678	0,0560	0,0475	0,0412	0,0362	0,0323
0,1993	0,1791	0,1427	0,1184	0,1011	0,0881	0,0699	0,0578	0,0491	0,0426	0,0375	0,0335

Zahlentafel 3. Mittlere spezifische Wärmen c_{pm} (errechnet aus

$p \rightarrow$ $t \downarrow$	1 99,09	2 119,62	3 132,88	4 142,92	5 151,11	6 158,08	8 169,61	10 179,04	12 187,08	14 194,13	16 200,43
140°	—	0,535	..	..	—	—	—	—	..	—	..
150	0,485	$0,519_7$	0,561	0,606	—	—	—	—	—	—	..
160	0,483	0,513	0,543	0,579	0,618	0,685	—	—	—	—	..
180	0,478	0,500	0,520	0,544	0,568	0,590	0,644	0,625	—	—	..
200	0,476	0,490	$0,508_5$	0,524	0,540	0,556	0,589	0,620	0,665	0,712	..
220	0,474	0,489	0,502	0,514	0,527	0,538	0,564	$0,590_5$	$0,614_5$	0,645	0,674
240	0,473	0,486	$0,496_5$	0,508	0,519	0,533	0,547	0,567	0,588	0,610	0,629
250	0,473	0,485	0,496	0,505	0,516	0,525	0,543	$0,560_5$	0,579	$0,597_5$	0,615
260	0,473	$0,484_5$	0,494	0,504	0,513	0,521	$0,537_5$	$0,554_5$	0,571	0,587	0,604
280	0,472	0,483	0,492	$0,500_5$	0,509	0,516	0,530	$0,543_5$	0,559	0,573	0,587
300	0,473	0,482	0,491	0,498	0,506	0,512	0,525	0,538	0,550	0,563	0,573
320	$0,473_5$	0,482	0,490	$0,496_5$	0,504	0,509	0,522	0,533	0,550	0,555	0,566
340	$0,474_5$	0,483	0,490	0,496	0,502	0,506	0,519	0,529	0,540	0,550	0,559
350	0,475	0,483	0,489	0,496	0,502	0,507	$0,517_5$	0,528	0,538	0,547	0,557
360	0,475	0,483	$0,489_5$	0,496	0,502	0,507	0,517	$0,526_5$	0,536	0,545	0,554
380	0,476	0,484	$0,489_5$	0,496	0,302	0,507	0,516	0,525	0,534	$0,542_5$	0,550
400	0,477	$0,434_5$	0,490	0,496	0,502	0,506	0,515	0,523	$0,531_5$	0,539	0,547
420	0,478	0,485	0,491	0,496	0,502	0,506	0,514	0,522	0,530	0,537	$0,544_5$
440	0,479	0,486	0,491	0,496	0,502	0,505	$0,513_5$	0,521	0,529	0,536	$0,542_5$
450	$0,479_5$	0,487	$0,491_5$	0,496	0,502	0,505	0,513	0,521	0,528	0,535	$0,541_5$
460	$0,480_5$	0,487	0,492	0,497	0,502	0,505	0,513	0,521	0,528	0,534	0,541
480	$0,481_5$	0,488	0,493	0,498	$0,502_5$	0,5[illegible]6	0,513	0,520	$0,527_5$	0,533	$0,539_5$
500	0,483	0,489	0,494	$0,498_5$	0,503	0,507	0,514	0,520	0,527	0,533	0,539

sen, auf Kriegsschiffen, werden deswegen besondere Marschturbinen vorgesehen, die bei forcierter Fahrt leer laufen, bei Marschgeschwindigkeit aber eine Vermehrung der Stufenzahl, also Verminderung der Umlaufszahl bewirken, sofern dazu nicht andere Mittel herangezogen werden, wie elektrischer Antrieb, Zahnradgetriebe oder Föttinger-Transformator, die auch die sonst erforderliche Rückwärtsturbine entbehrlich machen.

für die Überhitzung von t_s^0 auf t^0 C
den Enthalpien)

18	20	25	30	35	40	50	60	70	80	90	100
206,14	211,38	222,90	232,76	241,42	249,18	262,70	274,29	284,48	293,62	301,92	309,53
—	—	—	—	—	—	—	—	—	—	—	—
—	—	—	—	—	—	—	—	—	—	—	—
—	—	—	—	—	—	—	—	—	—	—	—
—	—	—	—	—	—	—	—	—	—	—	—
—	—	—	—	—	—	—	—	—	—	—	—
0,707	0,743	—	—	—	—	—	—	—	—	—	—
0,653	0,682	0,750	0,829	—	—	—	—	—	—	—	—
0,633	0,661	0,720	0,791	0,862	0,976	—	—	—	—	—	—
0,622	0,644	0,695	0,758	0,823	0,898	—	—	—	—	—	—
0,600$_5$	0,618	0,661	0,708	0,751	0,818	0,943	1,067	—	—	—	—
0,589	0,603	0,638	0,677	0,719	0,764	0,864	0,973	1,105	1,237	—	—
0,577$_5$	0,590	0,620	0,655	0,689	0,728$_5$	0,808	0,897	1,002	1,113	1,249	1,422
0,570	0,581	0,608	0,637	0,667	0,700	0,767	0,846	0,928	1,018	1,127$_5$	1,248
0,566	0,577	0,602$_5$	0,630	0,658$_5$	0,687	0,752	0,820$_5$	0,900	0,982	1,080	1,186
0,563	0,573	0,598	0,624	0,650	0,678	0,738	0,792$_5$	0,875	0,950	1,039	1,134
0,558	0,567	0,590	0,613	0,637	0,661	0,714	0,770	0,832	0,898	0,970	1,050
0,555	0,564	0,584	0,605	0,626	0,649	0,695	0,748	0,800	0,856	0,919$_5$	0,987
0,552	0,559$_5$	0,578	0,598$_5$	0,621	0,639	0,681	0,726	0,769$_5$	0,824	0,873	0,938
0,549$_5$	0,557	0,575	0,593	0,611	0,630$_5$	0,669	0,709	0,752	0,797	0,846	0,897
0,548$_5$	0,555	0,572	0,590	0,608	0,626$_5$	0,663$_5$	0,702	0,743	0,786	0,831	0,881
0,547	0,554$_5$	0,571	0,588$_5$	0,605	0,623	0,658	0,694	0,734	0,774	0,818	0,855
0,545$_5$	0,553	0,568	0,584	0,600	0,617	0,649$_5$	0,683$_5$	0,719	0,756	0,796	0,837
0,545	0,551	0,566	0,581	0,595$_5$	0,611	0,642	0,673	0,707	0,740	0,777	0,815

Schrifttum

A. Werke über Dampfturbinen

1. Brauer, A., Die Dampfturbinen. W. Girardet, Essen 1950.
2. Danninger, P., Die Dampfturbinenreglung. R. Oldenbourg, München 1934.
3. Dietzel, Fr., Dampfturbinen. Heinz Westermann Verlag, 1950.
4. Forner, G., Thermodynamische Berechnung der Dampfturbinen. Springer-Verlag, Berlin 1931.
5. Kraft, E. A., Die neuzeitliche Dampfturbine. Verlag Technik, 1953.
6. Kraft, E. A., Die Dampfturbine im Betriebe. Springer-Verlag, 1952.
7. Kreuz, Betriebserfahrungen mit Dampfturbinen. Verlag Technik, 1953.
8. Oehler, E., Grundzüge der Berechnung und des Baues von Dampfturbinen. B. G. Teubner, 1951.
9. Pfleiderer, C., Dampfturbinen. Wissenschaftliche Verlagsanstalt KG., Hannover 1949.
10. Stodola, A., Die Dampf- und Gasturbinen. 6. Aufl. Springer-Verlag, Berlin 1926.
11. Zietemann, C., Die Dampfturbinen. Springer-Verlag, Berlin 1955.

Einzelabhandlungen

B. Zeitschrift des Vereins Deutscher Ingenieure

1. 1940, S. 359: Baer, H., Näherungsverfahren zur Berechnung umlaufender Scheiben.
2. 1950, S. 201: Betz, A., Strömung von Gasen und Dämpfen bei hohen Geschwindigkeiten.
3. 1940, S. 857: Busemann, A., Lavaldüsen für gleichmäßige Überschallströmungen.
4. 1951, S. 721: Flügel, G., Die Dampfturbinen bei großen Änderungen des Betriebszustandes.
5. 1953, S. 218: Kirchberg, W., Entwicklung des Dampfturbinenbaues in den letzten 10 Jahren.
6. 1940, S. 1035: Melan, H., Einfluß der rückgewinnbaren Wärme auf den Wirkungsgrad von Dampfturbinen.
7. 1942, S. 228: Melan, H., Zur Frage der Vorausberechnung der Wirkungsgrade von Dampfturbinen.
8. 1943, S. 671: Oschatz, H., Wege zum Auswuchten umlaufender Massen.

C. Archiv für Wärmewirtschaft

1. 1944, S. 139: Eichhorn, Berechnung der Gegendruckdampfmenge bei einer Entnahme-Gegendruck-Dampfturbine.
2. 1940, S. 199: Melan, H., Erosin von Niederdruckturbinenschaufeln.
3. 1928, S. 3: Renfordt, A., Verluste durch Undichtheit.
4. 1940, S. 101: Schäff, K., Die vollkommene und die stufenweise Speisewasservorwärmung.

D. Die Wärme

1. 1942, S. 3: Forner, G., Einfluß der Schwankungen der Betriebsverhältnisse auf den Dampfverbrauch.
2. 1930, S. 828: Renfordt, A., Entnahmedampfturbinen, Konstruktion der Entnahmediagramme.
3. 1941, S. 261: Röder, K., Große und kleine Dampfturbinen für hohe Drücke und Temperaturen.

E. Brennstoff, Wärme, Kraft

1. 1949, S. 203: Bandel, G., u. Wiester, H., Das Verhalten der Werkstoffe bei Heißdampftemperaturen bis 600° C.
2. 1949, S. 129: Koch, W., Wirkungsgrad von Gegendruck- und Vorschaltturbinen.
3. 1950, S. 91: Mayer, H., Der Entwicklungsstand des Dampfturbinenbaues im In- und Ausland.

F. Elektrizitätswirtschaft

1. 1943, S. 207: Melan, H., Neuere Entwicklung im Hochdruckturbinenbau.
2. 1940, Nr. 20: Röder, K., Ein Beitrag zum Bau von Hochdruckdampfturbinen.
3. 1939, S. 354: Senger, U., Die Dampfnässe in den letzten Stufen von Kondensationsdampfturbinen.

G. Schweizerische Bauzeitung

1. 1932, v. 2. 4.: Keller, C., Berechnung rotierender Scheiben mittels konischer Teilringe.
2. 1950, S. 591: Siegfried, W., Die Rolle der Werkstoffe in der neuen Entwicklung kalorischer Maschinen.

H. Ingenieur-Archiv

1. 1950, S. 75: Hartmann, W., Versuche an Turbinenschaufelgittern.

I. Die Technik

1. 1948, S. 145: Bernhard, H., Über Biegungsschwingungen von Turbinenschaufeln mit Hammerfuß.
2. 1948, S. 21: Dubbers, Ermittlung der Durchbiegung belasteter Wellen.
3. 1948, S. 145: Mayer, H., Stand der Entwicklung im Hochdruck-Dampfturbinenbau.

K. Forschung auf dem Gebiet des Ingenieurwesens

1. 1949/50, S. 125: Flügel, G., Über Gestaltung und Systematik neuer Schaufelprofile.

L. Zeitschrift für Mathematik und Mechanik

1. 1953, S. 241: Bader, W., Zur Düsenströmung mit Reibung.

Sachregister

Abdampfturbine 83.
Ablenkung d. Strahles 55.
Abstufung der Geschwindigkeit 71, 81.
Adiabetische Expansion 16, 18, 27, 34, 45.
Aktionsturbine 56.
Antrieb, Satz vom 59.
Anzapfturbine 83.
Arbeit, Darstellung 18, 28.
Arbeitsvermögen 20, 37.
Ausflußgeschwindigkeit 38, 43, 45.
Ausflußmenge 40, 43.
Ausgleichkolben 79, 99.
Ausstrahlungsverluste 102.
Ausströmung aus Düsen 37, 45.
Austrittsverlust 88.
Axialturbine 57.
Axialschub 79.

Bahndruck 56.
Beaufschlagung, partielle 75, 80, 89.
—, wiederholte 73.
Belastungsänderung 124.
Betriebswirkungsgrad 115.
Bremsung 108.
Brennstoffwirkungsgrad 119.

Curtisrad 71.
Curtisturbine 81.

Dampf, gesättigter 11, 16, 26, 36.
—, überhitzter 14, 17, 26.
Dampfdiagramme 18, 21, 32.
Dampfgehalt 10, 26, 36.
Dampfgeschwindigkeitsdreiecke 58, 65.
Dampfmenge, spez. 10, 24.
Dampftabellen 12.
Dampfturbine, Arbeitsweise 11, 56.
Dampfverbrauch 121 ff.
Dampfwärme 11.
Drosselung 30, 36.
Druck, kritischer 43.
Druckabstufung 71, 81.
Druckänderung, Einfluß der 129.
Druck- u. Geschwindigkeitsabstufung 76, 82.
Druck-Volumen-Diagramm 15, 18.
Düsen, Ausströmung aus 37, 45.
—, Berechnung 52.
—, Form 52, 53.
—, prakt. Ausführung 53.
—, Querschnitte 52, 55.
—, Verluste 48, 50, 84.
— von Laval 51.

Effektive Leistung 108.
Effektiver Wirkungsgrad 116.
Einteilung der Turbinen 81.
Eintrittsverluste 85.
Energie, kinetische 7, 37, 55.
—, potentielle 37.
Engster Querschnitt 41.
Entlastungskolben 79, 99.
Entnahmeturbine 83.
Entropie 22, 30.
Entropiediagramm 21, 48.
Erzeugungswärme 12.
Expansion, adiabatische 16, 18, 27, 34.
—, polytrope 17, 19, 27, 36.

Feuchtigkeitsgehalt 10.
Flüssigkeitswärme 11, 24.
Frischdampf-Abdampfturbine 83.

Gefälle, Wärme- 27, 34.
Gegendruckturbine 83.
Gegenlaufturbine 57, 69.
Gesamtwärme 11.
— überh. Dampfes 14.
Gesamtwirkungsgrad 116.
Gesättigter Dampf 11, 16, 26, 36.
Geschwindigkeit, kritische 43.
Geschwindigkeitsabstufung 71, 81.
Geschwindigkeitsdreieck 58, 65.
Geschwindigkeits-Druckstufenturbine 76, 83.
Geschwindigkeitskoeffizient 51, 60, 87.
Geschwindigkeitsplan 58, 65.
Geschwindigkeits-Überdruckstufenturbine 78, 82.
Geschwindigkeitsverluste 45, 82.
Gleichdruckturbine 56, 57, 70, 79, 81, 89, 93.
Gleichdruckwirkung 56.
Grenzkurven 8, 23, 33.
Gütegrad 62, 113.
Gütezahl s. Qualitätsziffer.

Hydraulischer Wirkungsgrad 62.

Indizierter Dampfverbrauch 122.
— Wirkungsgrad 113.
Innerer Dampfverbrauch 122.
— Leistung 106.
— Wirkungsgrad 113.
is-Diagramm 32.

Kinetische Energie 7, 37, 55.
Kohleverbrauch 126.
Kombinierte Turbinen 78, 82.
Kontinuitätsgesetz 40, 52.
Kreisprozeß 27.

Kritische Geschwindigkeit 43.
Kritischer Druck 9.
— Punkt 12, 24.
— Kurve gleichen Dampfgehalts 10, 24, 36.
— — Volumens 26, 34.
Labyrinthdichtung 96.
Labyrinthverluste 96.
Lagerreibung 10..
Lässigkeitsverlust 93.
Laufschaufel s. Schaufel
Laval-Düse 41, 44, 51, 53.
— -Turbine 70.
Leerlaufsarbeit 100.
Leistung am Umfang 60, 67, 68, 105.
—, Berechnung 60.
—, effektive 108.
—, innere 106, 113.
—, theoretische 60, 104.
Leistungsmessung 106, 108.
Leitkanäle 44, 54.
Ljungström-Turbine 69, 82.

Machscher Winkel 5..
Mechanischer Wirkungsgrad 102, 115.
Mehrstufige Gleichdruckturbinen 74, 82.
Messung des Dampfverbrauchs 107, 12 .
— der Leistung 106, 108.
Mischdruckturbine 83.
Mittel zur Verminderung der Umlaufgeschw. 70.
Mollier-Diagramme 32.

Niederdruckturbine 83.
Nutzleistung 108.

Parsonssche Kennzahl 118.
Parsons-Turbine 82.
Polytropische Expansion 17, 19, 27, 36.
Potentielle Energie 7, 37.

Qualitätsziffer 118.

Rädervorgelege 70.
Radialturbine 57, 68.
Radreibung 90.
Reaktionsgrad 66, 78.

Reaktionswirkung 56.
Reibungsverluste in Düsen 45, 50, 84.
— — Schaufeln 35ff.
Reibungswärme 46.
Rückgewinnbare Wärme 46, 49.

Schallgeschwindigk. 43.
Schaufelverlust 95.
Spaltverluste 93.
Spannungskurve 8, 13.
Spez. Dampfmenge 10, 26. 36.
— Volumen 10.
— Wärme 14, 134.
Stopfbüchsenverlust 98.
Stoßverlust 35, 87.
Strahlablenkung 55.
Strahldicke 86.
Strahlungsverlust 98.
Strömungsenergie 37.
Strömungsverluste 45, 83.

Teilbelastung 124.
Theor. Dampfverbrauch 121.
Theor. Leistung 60, 104.
Thermischer Wirkungsgrad 29, 109.
Thermodynamischer Wirkungsgrad 118.

Überdruckturbine 56, 64, 69.
Überdruckwirkung 56.
Überhitzer Wasserdampf 13.
— —, Gesamtwärme 14, 31.
— — Vorteile 14, 34.
Umfangsgeschwindigkeit 58, 70.
Umfangsleistung 60, 64, 69.
Umfangs-Wirkungsgrad 62, 67, 69.
Umleitschaufel 71.
Umlenkungsverlust 86.
Undichtheitsverlust 93.
Ventilationsverluste 90.
Verdampfungswärme 11.
Verfügbares Gefälle 27, 48, 104.
Verluste in Düsen 45, 50, 84.
Verminderung der Umfangsgeschwindigkeit 70.
Verwertung der Austrittsgeschwindigkeit 64.
Volumen 10, 26, 34.

Wärme, spez. 14, 134.
Wärmediagramme 21, 32.
Wärmegefälle 27, 29.
Wärmegleichung, allgemeine 21.
Wärmeinhalt 11.
Wärmeleitung 102.
Wärmemengen 11.
Wärmerückgewinn 46, 49.
Wärmestrahlung 102.
Wärmeverbrauch 126.
Wasserbremse 108.
Wasserdampf, Ausströmung 37ff., 45.
—, gesättigter 11, 16, 26, 36.
—, überhitzter 14, 17, 26.
Wiederholte Beaufschlagung 73.
Wirbelverluste 85.
Wirklicher Dampfverbrauch 122.
Wirkliche Strömung 45.
Wirkungsgrad, Berechnung 63, 67.
—, effektiver 116.
—, hydraulischer 62.
—, indizierter, innerer 113.
—, mechanischer 102.
—, thermischer 29, 109.
—, thermodynamischer 118.
—, Umfangs- 62, 67, 69.
—, wirtschaftlicher 119.

Zustandsänderung 15, 25, 33.
Zweidruckturbine 83.

W. Marcard

Die Dampfkessel und Feuerungen einschließlich Hilfseinrichtungen in Theorie, Konstruktion und Berechnung

2. Auflage. Neubearbeitet von K. Beck.

Band I: Die theoretischen Grundlagen. Wärme, Verbrennung, Wärmeübertragung. Mit 42 Abbildungen und 16 Tabellen. 150 Seiten. 1951. DM 2,40

Band II: Dampfkessel. Mit 43 Abbildungen. 147 Seiten. 1952. DM 2,40

(Sammlung Göschen Band 9, 521)

„Wer ohne größere Werke zu studieren sich mit dem Wesen des Dampfkessels vertraut machen will, findet in diesen beiden Göschenbänden die richtige Quelle. Während Band I die wärmetechnischen Grundlagen bietet, wird im zweiten Band der Dampfkessel als solcher behandelt.

Der Inhalt des Buches ist methodisch gut gegliedert, bei entsprechenden Vorkenntnissen leicht verständlich und in jeder Beziehung auf der Höhe der Zeit.

Die beiden Bände können dem Studierenden des Ingenieurfaches manche Niederschrift ersparen, sie bieten aber auch dem Dampfkesselfachmann (dem Erzeuger und auch dem Dampfkesselbetreuer) in mancherlei Fachfragen Auskunft und Rat."

Energie und Technik

GESAMTVERZEICHNIS

SAMMLUNG GÖSCHEN

DAS WISSEN DER WELT IN KURZEN, KLAREN, ALLGEMEINVERSTÄNDLICHEN EINZELDARSTELLUNGEN NACH DEN LEHRPLÄNEN DER DEUTSCHEN UNIVERSITÄTEN UND HOCHSCHULEN AUFGEBAUT

JEDER BAND DM 2,40

DOPPELBAND DM 4,80

STAND MAI 1955

WALTER DE GRUYTER & CO.

BERLIN W 35

INHALTSVERZEICHNIS

	Seite
Biologie	11
Botanik	11
Chemie	10
Deutsche Sprache und Literatur	5
Elektrotechnik	13
Englisch	6
Erd- und Länderkunde	7
Französisch	6
Geologie	12
Germanisch	6
Geschichte	4
Griechisch	6
Hebräisch	7
Hoch- und Tiefbau	15
Indogermanisch	6
Italienisch	6
Kristallographie	12
Kunst	4
Land- und Forstwirtschaft	12
Lateinisch	6
Maschinenbau	13
Mathematik	8
Mineralogie	12
Musik	4
Pädagogik	3
Philosophie	3
Physik	10
Psychologie	3
Publizistik	7
Religionswissenschaften	3
Russisch	7
Sanskrit	7
Soziologie	3
Technologie	11
Volkswirtschaft	7
Wasserbau	14
Zoologie	12

Geisteswissenschaften

Philosophie · Pädagogik · Psychologie · Soziologie

Einführung in die Philosophie von *H. Leisegang*. 2. Auflage. 145 Seiten. 1953 . . . . Bd. 281

Erkenntnistheorie von *G. Kropp*. 1. Teil: Allgemeine Grundlegung. 143 Seiten. 1950 . . . . Bd. 807

Hauptprobleme der Philosophie von *G. Simmel*†. 7., unveränd. Auflage. 177 Seiten. 1950 . . . . Bd. 500

Geschichte der Philosophie

I: Die griechische Philosophie von *W. Capelle*. 1. Teil. Von Thales bis Leukippos. 2., erweiterte Auflage. 135 Seiten. 1953 . . . . Bd. 857

II: Die griechische Philosophie von *W. Capelle*. 2. Teil. Von der Sophistik bis zum Tode Platons. 2., stark erweiterte Auflage. 144 Seiten. 1953 . . . . Bd. 858

III: Die griechische Philosophie von *W. Capelle*. 3. Teil. Vom Tode Platons bis zur Alten Stoa. 2., stark erweiterte Auflage. 132 Seiten. 1954 . . . . Bd. 859

IV: Die griechische Philosophie von *W. Capelle*. 4. Teil. Von der Alten Stoa bis zum Eklektizismus im 1. Jahrhundert v. Chr. 2., stark erweiterte Auflage. 132 Seiten. 1954 . . . . Bd. 863

V: Die Philosophie des Mittelalters von *J. Koch*. In Vorbereitung . . . . Bd. 826

VI: Von der Renaissance bis Kant von *K. Schilling*. 234 Seiten. 1954 . . . . Bd. 394 / 394a

VII: Immanuel Kant von *G. Lehmann*. In Vorbereitung . Bd. 536

VIII: Die Philosophie des 19. Jahrhunderts von *G. Lehmann*. 1. Teil. 151 Seiten. 1953 . . . . Bd. 571

IX: Die Philosophie des 19. Jahrhunderts von *G. Lehmann*. 2. Teil. 168 Seiten. 1953 . . . . Bd. 709

X: Die Philosophie im ersten Drittel des 20. Jahrhunderts von *G. Lehmann*. In Vorbereitung . . . . . Bd. 845

Die geistige Situation der Zeit (1931) von *K. Jaspers*. 3., unveränderter Abdruck der 1932 bearbeiteten 5. Auflage. 211 Seiten. 1953 . . . . Bd. 1000

Philosophisches Wörterbuch von *M. Apel* †. 4., unveränderte Auflage. 260 Seiten. 1953 . . . . Bd. 1031

Philosophische Anthropologie von *M. Landmann*. In Vorbereitung . . . . Bd. 156/156a

Geschichte der Pädagogik von *H. Weimer*. 11., neubearbeitete und vermehrte Auflage. 176 Seiten. 1954 . . . . . . Bd. 145

Therapeutische Psychologie. Freud – Adler – Jung von *W. M. Kranefeldt*. Mit einer Einführung von *C. G. Jung*. 2. Auflage. 152 Seiten. 1950 . . . . Bd. 1034

Soziologie. Geschichte und Hauptprobleme von *L. von Wiese*. 5. Auflage. 162 Seiten. 1954 . . . . Bd. 110

Religionswissenschaften

Jesus von *M. Dibelius* †. 2. Auflage. Unveränderter Nachdruck. 137 Seiten. 1949 . . . . Bd. 1130

Paulus von *M. Dibelius* †. Nach dem Tode des Verfassers herausgegeben und zu Ende geführt von *W. G. Kümmel*. 155 Seiten. 1951 . . . . Bd. 1160

Musik

Musikästhetik von *H. J. Moser*. 180 Seiten. 1953 . . . . Bd. 344

Systematische Modulation von *R. Hernried*. 2. Auflage. 136 Seiten. 1950 . . . . Bd. 1094

Der polyphone Satz von *E. Pepping*. 1. Teil: Der cantus-firmus-Satz. 2. Auflage. 223 Seiten. 1950 . . . . Bd. 1148

Harmonielehre von *H. J. Moser*.
I: 109 Seiten. 1954 . . . . Bd. 809

Technik der deutschen Gesangskunst von *H. J. Moser*. Dritte, durchges. u. verbesserte Auflage. 144 Seiten mit 5 Fig. 1954 . . . . Bd. 576/576a

Die Kunst des Dirigierens von *H. W. von Waltershausen*. 2. Auflage. 138 Seiten. 1954 . . . . Bd. 1147

Die Technik des Klavierspiels aus dem Geiste des musikalischen Kunstwerkes von *K. Schubert* †. 3. Auflage. 110 Seiten. 1954 . . . . Bd. 1045

Die Musik des 19. Jahrhunderts von *W. Oehlmann*. 180 Seiten. 1953 . . . . Bd. 170

Allgemeine Musiklehre von *H. J. Moser*. 2., durchges. Auflage. 155 Seiten. 1955. . . . . . . Bd. 220/220a

Kunst

Stilkunde von *H. Weigert*.
I: Vorzeit, Antike, Mittelalter. 2. Auflage. 136 Seiten. Mit 94 Abbildungen. 1953 . . . . Bd. 80
II: Spätmittelalter und Neuzeit. 2. Auflage. 146 Seiten. Mit 84 Abbildungen. 1953 . . . . Bd. 781

Geschichte

Einführung in die Geschichtswissenschaft von *P. Kirn*. 2. Auflage. 121 Seiten. 1952 . . . . Bd. 270

Archäologie von *A. Rumpf*.
I: Einleitung, historischer Überblick. 143 Seiten mit 6 Abbildungen im Text und 12 Tafeln. 1953 . . . . . Bd. 538
II: In Vorbereitung . . . . Bd. 539

Kultur der Urzeit von *F. Behn*. 4. Auflage der „Kultur der Urzeit". Band I–III von *M. Hoernes*.
I: Die vormetallischen Kulturen. (Die Steinzeiten Europas. Gleichartige Kulturen in anderen Erdteilen). 172 Seiten mit 48 Abbildungen. 1950 . . . . Bd. 564
II: Die älteren Metallkulturen. (Der Beginn der Metallbenutzung. Kupfer- und Bronzezeit in Europa, im Orient und in Amerika). 160 Seiten mit 67 Abbildungen. 1950 Bd. 565
III: Die jüngeren Metallkulturen. (Das Eisen als Kulturmetall. Hallstatt-Latène-Kultur in Europa. Das erste Auftreten des Eisens in den anderen Erdteilen). 149 Seiten mit 60 Abbildungen. 1950. . . . . Bd. 566

Vorgeschichte Europas von *F. Behn*. Völlig neue Bearbeitung der 7. Auflage der „Urgeschichte der Menschheit" von *M. Hoernes*. 125 Seiten mit 47 Abbildungen. 1949 . . . Bd. 42

Von den Karolingern zu den Staufern von *J. Haller*. Die altdeutsche Kaiserzeit (900–1250). 3. Auflage. 141 Seiten mit 4 Karten. 1944 . . . . Bd. 1065

Deutsche Geschichte im Zeitalter der Reformation, der Gegenreformation und des 30jährigen Krieges von *F. Hartung.* 129 Seiten. 1951 . . . . Bd. 1105

Quellenkunde der deutschen Geschichte im Mittelalter (bis zur Mitte des 15. Jahrhunderts) von *K. Jacob†.*

I: Einleitung. Allgemeiner Teil. Die Zeit der Karolinger. 5. Auflage. 118 Seiten. 1949 . . . . Bd. 279

II: Die Kaiserzeit (911 – 1250). 4. Auflage. 127 Seiten. 1949 . . . . Bd. 280

III: Das Spätmittelalter (vom Interregnum bis 1500). Unter Verwendung der Hinterlassenschaft herausgegeben von *F. Weden.* 152 Seiten. 1952 . . . . Bd. 284

Badische Geschichte von A. Krieger. 137 Seiten. 1921 . . . . Bd. 230

Geschichte Englands von *H. Preller.*

I: bis 1815. 3., stark umgearbeitete Auflage. 135 Seiten mit 7 Stammtafeln und 2 Karten im Text. 1952 . . . . Bd. 375

II: von 1815 bis 1910. 2., völlig umgearb. Auflage. 118 S. mit 1 Stammtafel und 7 Karten im Text. 1954 . . . Bd. 1088

Geschichte der Vereinigten Staaten von Amerika von *O., Graf zu Stolberg-Wernigerode.* In Vorbereitung . . . Bd. 1051/1051a

Deutsche Sprache und Literatur

Deutsches Rechtschreibungswörterbuch von *M. Gottschald.* 2., verbesserte Auflage. 269 Seiten. 1953 . . . . Bd. 200/200a

Deutsche Wortkunde von *A. Schirmer.* Eine kulturgeschichtliche Betrachtung des deutschen Wortschatzes. 3., durchgesehene Auflage. 109 Seiten. 1949 . . . . Bd. 929

Deutsche Sprachlehre von *W. Hofstaetter.* 9., neubearbeitete Auflage von *G. Spree.* 144 Seiten. 1953 . . . . Bd. 20

Stimmkunde für Beruf, Kunst und Heilzwecke von *H. Biehle.* 111 Seiten. 1955 . . . . Bd. 60

Redetechnik von *H. Biehle.* Einführung in die Rhetorik. 115 Seiten. 1954 . . . . Bd. 61

Sprechen und Sprachpflege von *H. Feist.* (Die Kunst des Sprechens). 2., verbesserte Auflage. 99 Seiten mit 25 Abbildungen. 1952 . . . . Bd. 1122

Deutsches Dichten und Denken von der germanischen bis zur staufischen Zeit von *H. Naumann.* (Deutsche Literaturgeschichte vom 5.–13. Jahrhundert). 2., verbesserte Auflage. 166 Seiten. 1952 . . . . Bd. 1121

Deutsches Dichten und Denken vom Mittelalter zur Neuzeit von *G. Müller* (1270–1700). 2., durchgesehene Auflage. 159 Seiten. 1949 . . . . Bd. 1086

Deutsches Dichten und Denken von der Aufklärung bis zum Realismus von *K. Viëtor* (Deutsche Literaturgeschichte von 1700–1890). 2., durchgesehene Auflage. 156 Seiten. 1949 . . . . Bd. 1096

Der Nibelunge Nôt in Auswahl mit kurzem Wörterbuch von *K. Langosch.* 9., umgearbeitete Auflage. 164 Seiten. 1953 . . . . Bd. 1

Die deutschen Personennamen von *M. Gottschald.* 2., verbesserte Auflage. 151 Seiten. 1955 . . . . Bd. 422

Indogermanisch · Germanisch

Gotisches Elementarbuch von *H. Hempel.* Grammatik, Texte mit Übersetzung und Erläuterungen. 2., umgearbeitete Auflage. 165 Seiten. 1953 . . . . Bd. 79

Germanische Sprachwissenschaft von *H. Krahe.* 2. Auflage.
II: Formenlehre. 140 Seiten. 1948 . . . . Bd. 780

Althochdeutsches Elementarbuch von *H. Naumann* † und *W. Betz.* 2. Auflage. 156 Seiten. 1954 . . . . Bd. 1111

Mittelhochdeutsches Elementarbuch von *H. de Boor.* In Vorbereitung . . . . Bd 1108

Altnordisches Elementarbuch von *F. Ranke.* Schrifttum, Sprache, Texte mit Übersetzung und Wörterbuch. 2., durchgesehene Auflage. 146 Seiten. 1949 . . . . . Bd. 1115

Englisch · Französisch · Italienisch

Altenglisches Elementarbuch von *M. Lehnert.* Einführung, Grammatik, Texte mit Übersetzung und Wörterbuch. 3., verbesserte Auflage. 178 Seiten. 1955 . . . . Bd. 1125

Englische Literaturgeschichte.
I: Die alt- und mittelenglische Periode von *F. Schubel.* 163 Seiten. 1954 . . . . Bd. 1114
II: Von der Renaissance bis zur Aufklärung von *Paul Meissner*†. 139 Seiten. 1937 . . . . Bd. 1116
III: Romantik und Viktorianismus von *Paul Meissner*†. 150 Seiten. 1938 . . . . Bd. 1124
IV: Das 20. Jahrhundert von *Paul Meissner*†. 150 Seiten. 1939 . . . . Bd. 1136

Beowulf von *M. Lehnert.* Eine Auswahl mit Einführung, teilweiser Übersetzung, Anmerkungen und etymologischem Wörterbuch. 2., verbesserte Auflage. 135 Seiten. 1949 Bd. 1135

Shakespeare von *P. Meissner*†. 2. Auflage, neubearbeitet von M. Lehnert. 136 Seiten. 1954 . . . . Bd. 1142

Romanische Sprachwissenschaft von *H. Lausberg.*
I: Einleitung und Vokalismus. In Vorbereitung . . . . Bd. 128
II: Konsonantismus. In Vorbereitung . . . . Bd. 250

Italienische Literaturgeschichte von *K. Vossler.* Unveränderter Nachdruck der 1927 erschienenen 4., durchgesehenen und verbesserten Auflage. 148 Seiten. 1948 . . . . Bd. 125

Griechisch · Lateinisch

Griechische Sprachwissenschaft von *W. Brandenstein.*
I: Einleitung, Lautsystem, Etymologie. 160 Seiten. 1954 Bd. 117

Geschichte der griechischen Sprache
I: Bis zum Ausgang der klassischen Zeit. Von *O. Hoffmann*†. 3., umgearbeitete Auflage von *A. Debrunner.* 156 Seiten. 1954 . . . . Bd. 111
II: Grundfragen und Grundzüge d. nachklass. Griechisch. Von *A. Debrunner.* 144 Seiten. 1954 . . . . Bd. 114

Geschichte der griechischen Literatur von *W. Nestle.* 2., verbesserte Auflage.
I: Von den Anfängen bis auf Alexander d. Gr. 148 Seiten 1950 . . . . Bd. 70
II: Von Alexander d. Gr. bis zum Ausgang der Antike. 128 Seiten. 1948 . . . . Bd. 557

Geschichte der lateinischen Sprache von *F. Stolz* †. 3., stark umgearbeitete Auflage von *A. Debrunner*. 136 Seiten. 1953 . . . . Bd. 492

Hebräisch · Sanskrit · Russisch

Hebräische Grammatik von *G. Beer*†. 2., völlig neubearbeitete Auflage von *R. Meyer*.
I: Schrift-, Laut- und Formenlehre I. 157 Seiten. 1952. Bd. 763/763a
II: Schrift-, Laut- und Formenlehre II. 195 Seiten. 1955 . . . . Bd. 764/764a
Sanskrit-Grammatik von *M. Mayrhofer*. 89 Seiten. 1953 . . . Bd. 1158
Russische Grammatik von *G. Berneker*. 6., unveränderte Auflage von *M. Vasmer*. 155 Seiten. 1947 . . . . Bd. 66

Erd- und Länderkunde

Afrika von *F. Jaeger*. Ein geographischer Überblick. 2., umgearbeitete Auflage.
I: Der Lebensraum. 179 Seiten mit 18 Abbildungen. 1954 Bd. 910
II: Mensch und Kultur. 155 Seiten mit 6 Abbildungen. 1954 Bd. 911
Australien und Ozeanien von *H. J. Krug*. 176 Seiten mit 46 Skizzen. 1953 . . . . Bd. 319
Kartenkunde von *M. Eckert-Greifendorff*†. 3., durchgesehene Auflage von *W. Kleffner*. 149 Seiten mit 63 Abb. 1950 Bd. 30

Volkswirtschaft · Publizistik

Allgemeine Betriebswirtschaftslehre von *K. Mellerowicz*. 8., unveränderte Auflage.
I: 142 Seiten. 1954 . . . . Bd. 1008
II: 112 Seiten. 1954 . . . . Bd. 1153
III: 143 Seiten. 1954 . . . . Bd. 1154
Allgemeine Volkswirtschaftslehre von *A. Paulsen*.
I: In Vorbereitung . . . . Bd. 1169
Zeitungslehre von *E. Dovifat*. 3., neubearbeitete Auflage. 1955.
I: 148 Seiten. 1955 . . . . Bd. 1039
II: 158 Seiten. 1955 . . . . Bd. 1040

Naturwissenschaften

Mathematik

Geschichte der Mathematik von *J. E. Hofmann.*
I: Von den Anfängen bis zum Auftreten von Fermat und Descartes. 200 Seiten. 1953 . . . . Bd. 226

Mathematische Formelsammlung von *F. Ringleb.* Vollständig umgearbeitete Neuausgabe des Werkes von *O. Th. Bürklen.* 6., durchgesehene Aufl. 274 Seiten mit 57 Figuren. 1955. In Vorbereitung . . . . Bd. 51

Fünfstellige Logarithmen von *A. Adler.* Mit mehreren graphischen Rechentafeln und häufig vorkommenden Zahlwerten. 2. Auflage. Neudruck. 127 Seiten mit 1 Tafel. 1949 . . . . Bd. 423

Höhere Algebra von *H. Hasse.* 3., verbesserte Auflage.
I: Lineare Gleichungen. 152 Seiten. 1951 . . . . Bd. 931
II: Gleichungen höheren Grades. 158 Seiten mit 5 Figuren. 1951 . . . . Bd. 932

Aufgabensammlung zur höheren Algebra von *H. Hasse* und *W. Klobe.* 2., verbesserte und vermehrte Auflage. 181 Seiten. 1952 . . . . Bd. 1082

Elementare und klassische Algebra vom modernen Standpunkt von *W. Krull.* 2., erweiterte Auflage.
I: 136 Seiten. 1952 . . . . Bd. 930

Einführung in die Zahlentheorie von *A. Scholz†.* 2. Auflage, überarbeitet von *B. Schoeneberg.* 128 Seiten. 1955. . . Bd. 1131

Gruppentheorie von *L. Baumgartner.* 2. Auflage. 115 Seiten mit 6 Figuren. 1949 . . . . Bd. 837

Funktionentheorie von *K. Knopp.* 8. Auflage.
I: Grundlagen der allgemeinen Theorie der analytischen Funktionen. 139 Seiten mit 8 Fig. 1955 . . . . . . Bd. 668
II: Anwendungen und Weiterführung der allgemeinen Theorie. 130 Seiten mit 7 Fig. 1955 . . . . Bd. 703

Aufgabensammlung zur Funktionentheorie von *K. Knopp.* 4. Auflage.
I: Aufgaben zur elementaren Funktionentheorie. 135 Seiten. 1949 . . . . Bd. 877
II: Aufgaben zur höheren Funktionentheorie. 151 Seiten. 1949 . . . . Bd. 878

Elemente der Funktionentheorie von *K. Knopp.* 4. Auflage. 144 Seiten mit 23 Fig. 1955 . . . . Bd. 1109

Differentialrechnung von *A. Witting†.* 3., neubearbeitete Auflage. Durchgesehener Neudruck. 201 Seiten mit 95 Figuren und 200 Beispielen. 1949 . . . . Bd. 87

Repetitorium und Aufgabensammlung zur Differentialrechnung von *A. Witting*†. 2., neubearbeitete Auflage. Durchgesehener Neudruck. 145 Seiten. 1949 . . . . Bd. 146

Integralrechnung von *A. Witting*†. 2., verbesserte Auflage. Durchgesehener Neudruck. 176 Seiten mit 62 Figuren und 190 Beispielen. 1949 . . . . Bd. 88

Repetitorium und Aufgabensammlung zur Integralrechnung von *A. Witting*†. 2., neubearbeitete Auflage. Durchgesehener Neudruck. 121 Seiten mit 32 Figuren und 309 Beispielen. 1949. . . . . Bd. 147

Gewöhnliche Differentialgleichungen von *G. Hoheisel*. 4., neubearbeitete Auflage. 129 Seiten. 1951 . . . . Bd. 920

Partielle Differentialgleichungen von *G. Hoheisel*. 3., neubearbeitete Auflage. 130 Seiten. 1953 . . . . Bd. 1003

Aufgabensammlung zu den gewöhnlichen und partiellen Differentialgleichungen von *G. Hoheisel*. 2., umgearbeitete Auflage. 124 Seiten. 1952 . . . . Bd. 1059

Mengenlehre von *E. Kamke*. 3. Auflage. In Vorbereitung. Bd. 999/999a

Darstellende Geometrie von *W. Haack*.
I: Die wichtigsten Darstellungsmethoden. Grund- und Aufriß ebenflächiger Körper. 110 Seiten mit 117 Abbildungen. 1954 . . . . Bd. 142
II: Körper mit krummen Begrenzungsflächen. Kotierte Projektionen. 129 Seiten mit 86 Abbildungen. 1954 . . Bd. 143

Sammlung von Aufgaben und Beispielen zur analytischen Geometrie der Ebene von *R. Haussner*. Mit den vollständigen Lösungen. 139 Seiten mit 22 Figuren im Text. Neudruck. 1949 . . . . Bd. 256

Nichteuklidische Geometrie von *R. Baldus*†. Hyperbolische Geometrie der Ebene. 3., verbesserte Auflage, durchgesehen und herausgegeben von *F. Löbell*. 140 Seiten mit 70 Figuren im Text. 1953 . . . . Bd. 970

Differentialgeometrie von *K. Strubecker* (früher Rothe).
I: Kurventheorie der Ebene und des Raumes. 150 Seiten mit 18 Figuren. 1955 . . . . Bd. 1113/1113a

Einführung in die konforme Abbildung von *L. Bieberbach*. 4. Auflage. 147 Seiten mit 42 Zeichnungen. 1949 . . . Bd. 768

Vektoranalysis von *S. Valentiner*. Neudruck der 7. Auflage (1950). 138 Seiten mit 19 Figuen. 1954 . . . . Bd. 354

Vermessungskunde von *P. Werkmeister*.
I: Stückmessung und Nivellieren. 9. Auflage. 165 Seiten mit 145 Figuren. 1949 . . . . Bd. 468
II: Messung von Horizontalwinkeln. Festlegung von Punkten im Koordinatensystem. Absteckungen. 7. Auflage. 151 Seiten mit 93 Figuren. 1949 . . . . Bd. 469
III: Trigonometrische und barometrische Höhenmessung. Tachymetrie und Topographie. 6. Auflage. 147 Seiten mit 64 Figuren. 1949 . . . . Bd. 862

Versicherungsmathematik von *F. Böhm*.
I: Elemente der Versicherungsrechnung. 3., vermehrte und verbesserte Auflage. Durchgesehener Neudruck. 151 Seiten. 1954. . . . . Bd. 180
II: Lebensversicherungsmathematik. Einführung in die technischen Grundlagen der Sozialversicherung. 2., verbesserte Auflage. 205 Seiten. 1953 . . . . Bd. 917/917a

Physik

Einführung in die theoretische Physik von *W. Döring.*
I: Mechanik. 119 Seiten mit 29 Abbildungen. 1954 . . . Bd. 76
II: Das elektromagnetische Feld. 123 Seiten mit 15 Abbildungen. 1955 . . . . Bd. 77
III: Optik. Mit 35 Abbildungen. 1955. In Vorbereitung . . Bd. 78

Atomphysik von *K. Bechert* u. *Ch. Gerthsen.* 3., umgearb. Aufl.
I: Allgemeine Grundlagen. I. Teil von *Ch. Gerthsen.* 123 Seiten mit 35 Abbildungen. 1955 . . . . Bd. 1009
II: Allgemeine Grundlagen. II. Teil von *Ch. Gerthsen.* 112 Seiten mit 48 Abbildungen. 1955. . . . . Bd. 1033
III: Theorie des Atombaus. 1. Teil von *K. Bechert.* 148 Seitenmit 16 Abbildungen. 1954 . . . . Bd. 1123/1123a
IV: Theorie des Atombaus. 2. Teil von *K. Bechert.* 170 Seiten mit 14 Abbildungen. 1954 . . . . Bd. 1165/1165a

Differentialgleichungen der Physik von *F. Sauter.* 2. Auflage. 148 Seiten mit 16 Figuren. 1950 . . . . Bd. 1070

Physikalische Formelsammlung von *G. Mahler* und *K. Mahler.* 9. Auflage. 1955. In Vorbereitung. . . . . Bd. 136

Physikalische Aufgabensammlung von *G. Mahler* u. *K. Mahler.* Mit den Ergebnissen. 8. Aufl. 1955. In Vorbereitung Bd. 243

Chemie

Geschichte der Chemie von *G. Lockemann.* In kurzgefaßter Darstellung.
I: Vom Altertum bis zur Entdeckung des Sauerstoffs. 142 Seiten mit 8 Bildnissen. 1950 . . . . Bd. 264
II: Von der Entdeckung des Sauerstoffs bis zur Gegenwart. 151 Seiten mit 16 Bildnissen. 1955 . . . . Bd. 265/265a

Anorganische Chemie von *W. Klemm.* 8. Auflage. 184 Seiten mit 18 Abbildungen. 1954 . . . . Bd. 37

Organische Chemie von *W. Schlenk.* 6., erweiterte Auflage. 263 Seiten. 1954 . . . . Bd. 38/38a

Allgemeine und physikalische Chemie von *W. Schulze.*
I: 1955. In Vorbereitung . . . . Bd. 71
II: 1955. In Vorbereitung . . . . Bd. 698
III: Molekülbau. 1955. In Vorbereitung . . . . Bd. 786

Analytische Chemie von *J. Hoppe.* 5., verbesserte Auflage.
I: Reaktionen. 135 Seiten. 1950 . . . . Bd. 247
II: Gang der qualitativen Analyse. 166 Seiten. 1950 . . . Bd. 248

Maßanalyse von *G. Jander* und *K. F. Jahr.* Theorie und Praxis der klassischen und der elektrochemischen Titrierverfahren. 7. Auflage.
I: 1955. In Vorbereitung . . . . Bd. 221
II: 1955. In Vorbereitung . . . . Bd. 1002

Thermochemie von *W. A. Roth.* 2., verbesserte Auflage. 109 Seiten mit 16 Figuren. 1952 . . . . Bd. 1057

Physikalisch-chemische Rechenaufgaben von *E. Asmus.* 2. Auflage. 96 Seiten. 1949 . . . . Bd. 445

Stöchiometrische Aufgabensammlung von *W. Bahrdt* und *R. Scheer.* Mit den Ergebnissen. 5., verbesserte Auflage. 120 Seiten. 1952 . . . . Bd. 452

Elektrochemie und ihre physikalisch-chemischen Grundlagen von *A. Dassler.*
I: 149 Seiten mit 21 Abbildungen. 1950 . . . . Bd. 252
II: 178 Seiten mit 17 Abbildungen. 1950 . . . . Bd. 253

Technologie

Warenkunde von *K. Hassak*† und *E. Beutel*†. 7. Auflage. Neubearbeitet von *A. Kutzelnigg*.
I: Anorganische Waren sowie Kohle und Erdöl. 116 Seiten mit 19 Figuren. 1947 . . . . Bd. 222
II: Organische Waren. 143 Seiten mit 32 Figuren. 1949 . . Bd. 223

Die Fette und Öle von *K. Braun*†. 5., völlig neubearbeitete und verbesserte Auflage von *Th. Klug*. 145 Seiten. 1950 . . Bd. 335

Die Seifenfabrikation von *K. Braun*†. 3., neubearbeitete und verbesserte Auflage von *Th. Klug*. 116 Seiten mit 18 Abbildungen. 1953 . . . . Bd. 336

Textilindustrie.
I: Spinnerei und Zwirnerei von *A. Blümcke*. 112 Seiten mit 43 Abbildungen. 1954 . . . . Bd. 184

Biologie

Hormone von *G. Koller*. 2., neubearbeitete und erweiterte Auflage. 187 Seiten mit 60 Abbildungen und 19 Tabellen. 1949 . . . . Bd. 1141

Fortpflanzung im Tier- und Pflanzenreich von *J. Hämmerling*. 2., ergänzte Auflage. 135 Seiten mit 101 Abbildungen. 1951 . . . . Bd. 1138

Geschlecht und Geschlechtsbestimmung im Tier- und Pflanzenreich von *M. Hartmann*. 2., verbesserte Auflage. 116 Seiten mit 61 Abbildungen und 7 Tabellen. 1951 . Bd. 1127

Grundriß der allgemeinen Mikrobiologie von *W. Schwartz*.
I: 104 Seiten mit 17 Abbildungen. 1949 . . . . Bd. 1155
II: 93 Seiten mit 12 Abbildungen. 1949 . . . . Bd. 1157

Symbiose der Tiere mit pflanzlichen Mikroorganismen von *P. Buchner*. 2., verbesserte und vermehrte Auflage. 130 Seiten mit 121 Abbildungen. 1949 . . . . Bd. 1128

Botanik

Entwicklungsgeschichte des Pflanzenreiches von *H. Heil*. 2. Auflage. 138 Seiten mit 94 Abbildungen und 1 Tabelle. 1950 Bd. 1137

Morphologie der Pflanzen von *L. Geitler*. 3. Auflage. 126 Seiten mit 114 Abbildungen. 1953 . . . . Bd. 141

Pflanzenzüchtung von *H. Kuckuck*. 3., völlig umgearbeitete Auflage.
I: Grundzüge der Pflanzenzüchtung. 132 Seiten mit 22 Abbildungen. 1952 . . . . Bd. 1134

Die Laubhölzer von *F. W. Neger*† und *E. Münch*†. Kurzgefaßte Beschreibung der in Mitteleuropa gedeihenden Laubbäume und Sträucher. 3., durchgesehene Auflage, herausgegeben von *B. Huber*. 143 Seiten mit 63 Figuren und 7 Tabellen. 1950 . . . . Bd. 718

Die Nadelhölzer (Koniferen) und übrigen Gymnospermen von *F. W. Neger*† und *E. Münch*†. 4. Auflage. Durchgesehen und ergänzt von *B. Huber*. 140 Seiten mit 75 Figuren, 4 Tabellen und 3 Karten. 1952 . . . . Bd. 355

Zoologie

Entwicklungsphysiologie der Tiere von *F. Seidel.*
I: Ei und Furchung. 126 Seiten mit 29 Abbildungen. 1953 . . . . Bd. 1162
II: Körpergrundgestalt und Organbildung. 159 Seiten mit 42 Abbildungen. 1953 . . . . Bd. 1163

Das Tierreich.
Fische von *D. Lüdemann.* 130 Seiten mit 65 Abbildungen. 1955. Bd. 356
Insekten von *H. von Lengerken.* 128 Seiten mit 58 Abbildungen. 1953 . . . . Bd. 594
Lurche von *K. Herter.* 140 Seiten mit 129 Abbild. 1955 Bd. 847
Spinnentiere von *A. Kaestner.* 96 S. mit 55 Abb. 1955. Bd. 1161
Würmer von *S. Jaeckel.* 112 Seiten mit 36 Abbild. 1955 Bd. 439
Weichtiere von *S. Jaeckel.* 92 Seiten mit 34 Abbildungen. 1954 . . . . Bd. 440
Stachelhäuter von *S. Jaeckel.* 1955 . In Vorbereitung . . . . Bd. 441

Vergleichende Physiologie der Tiere von *K. Herter.* 3. Auflage der „Tierphysiologie".
I: Stoff- und Energiewechsel. 155 Seiten mit 64 Abbild. 1950 . . . . Bd. 972
II: Bewegung und Reizerscheinungen. 148 Seiten mit 110 Abbildungen. 1950 . . . . Bd. 973

Land- und Forstwirtschaft

Landwirtschaftliche Tierzucht von *H. Vogel.* Die Züchtung und Haltung der landwirtschaftlichen Nutztiere. 139 Seiten mit 11 Abbildungen. 1952 . . . . Bd. 228

Kulturtechnische Bodenverbesserungen von *O. Fauser.* 4., neubearbeitete Auflage.
I: Allgemeines, Entwässerung. 122 Seiten mit 47 Abbildungen. 1947 . . . . Bd. 691
II: Bewässerung, Ödlandkultur, Umlegung. 150 Seiten mit 67 Abbildungen. 1949 . . . . Bd. 692

Agrikulturchemie von *K. Scharrer.*
I: Pflanzenernährung. 143 Seiten. 1953 . . . . Bd. 329

Geologie · Mineralogie · Kristallographie

Kristallographie von *W. Bruhns*† und *P. Ramdohr.* 4. Auflage. 106 Seiten mit 163 Abbildungen. 1954 . . . . Bd. 210

Einführung in die Kristalloptik von *E. Buchwald.* 4., verbess. Auflage. 138 Seiten mit 121 Figuren. 1952 . . . . . . Bd. 619

Lötrohrprobierkunde von *M. Henglein.* Mineraldiagnose mit Lötrohr- und Tüpfelreaktion. 3., verbesserte Auflage. 91 Seiten mit 11 Figuren. 1949 . . . . Bd. 483

Mineral- und Erzlagerstättenkunde von *H. Huttenlocher.*
I: 128 Seiten mit 34 Abbildungen. 1954 . . . . Bd. 1014
II: 156 Seiten mit 48 Abbildungen. 1954 . . . . . Bd. 1015/1015a

Mineralogie von *R. Brauns*† und *K. F. Chudoba.* 9. Auflage.
I: Allgemeine Mineralogie. 104 Seiten mit 107 Figuren, 1 Tafel, 2 Tabellen. 1955 . . . . Bd. 29
II: Spezielle Mineralogie. 133 Seiten mit 105 Figuren. 1955 Bd. 31

Petrographie. Von *W. Bruhns*† und *P. Ramdohr.* 4., durchgesehene Auflage. 104 Seiten mit 10 Figuren. 1955 . . . Bd. 173

Geologie von *F. Lotze.* 176 Seiten mit 80 Abbildungen. 1955 . Bd. 13

Technik

Elektrotechnik

Die Gleichstrommaschine von *K. Humburg.* Durchgesehener Neudruck.
I: 102 Seiten mit 59 Abbildungen. 1949 . . . . Bd. 257
II: 98 Seiten mit 38 Abbildungen. 1949 . . . . Bd. 881

Die synchrone Maschine von *K. Humburg.* Neudruck. 109 Seiten mit 78 Bildern. 1951 . . . . Bd. 1146

Induktionsmaschinen von *F. Unger.* 2., erweiterte Auflage. 142 Seiten mit 49 Abbildungen. 1954 . . . . Bd. 1140

Die komplexe Berechnung von Wechselstromschaltungen von *H. H. Meinke.* 160 Seiten mit 114 Abbildungen. 1949 . Bd. 1156

Theoretische Grundlagen zur Berechnung der Schaltgeräte von *F. Kesselring.* 3. Auflage. 144 Seiten mit 92 Abbildungen. 1950 . . . . Bd. 711

Elektromotorische Antriebe (Grundlagen für die Berechnung) von *A. Schwaiger.* 3., neubearbeitete Auflage. 96 Seiten mit 34 Abbildungen. 1952 . . . . Bd. 827

Technische Tabellen und Formeln von *W. Müller.* 4., verbesserte und erweiterte Auflage von *E. Schulze.* 152 Seiten mit 105 Figuren. 1951 . . . . Bd. 579

Überspannungen und Überspannungsschutz von *G. Frühauf.* Durchgesehener Neudruck. 122 Seiten mit 98 Abbildungen. 1950 . . . . Bd. 1132

Maschinenbau

Metallkunde. Einführendes über Aufbau, Eigenschaften und Untersuchung von Metallen und Legierungen sowie über Grundlagen des Schmelzens, des Gießens, des Verformens, der Wärmebehandlung, der Oberflächenbehandlung, der Verbinde- und Trennarbeiten von *H. Borchers.*
I: Aufbau der Metalle und Legierungen. 3. Auflage. 1955. In Vorbereitung . . . . Bd. 432
II: Eigenschaften. Grundzüge der Form- und Zustandsgebung. 2. Auflage. 154 Seiten mit 8 Tabellen und 100 Abbildungen. 1952 . . . . Bd. 433

Dynamik von *W. Müller.* 2., verbesserte Auflage.
I: Dynamik des Einzelkörpers. 128 Seiten mit 48 Figuren. 1952 . . . . Bd. 902
II: Systeme von starren Körpern. 102 Seiten mit 41 Figuren. 1952 . . . . Bd. 903

Technische Schwingungslehre von *L. Zipperer.* 2., neubearbeitete Auflage.
I: Allgemeine Schwingungsgleichungen, einfache Schwinger. 120 Seiten mit 101 Abbildungen. 1953 . . . . . Bd. 953
II: Torsionsschwingungen in Maschinenanlagen. 102 Seiten mit 59 Abbildungen. 1955. . . . . Bd. 961/961 a

Werkzeugmaschinen von *K. P. Matthes.*
I: 110 Seiten mit 27 Abbildungen, 11 Zahlentafeln im Text und 1 Tafelanhang. 1954 . . . . Bd. 561
II: 1955. In Vorbereitung . . . . Bd. 562

Die Maschinenelemente von *E. A. vom Ende.* 2., verbesserte Auflage. 159 Seiten mit 173 Figuren und 12 Tafeln. 1950 Bd. 3

Das Maschinenzeichnen mit Einführung in das Konstruieren von *W. Tochtermann.* 4. Auflage.
I: Das Maschinenzeichnen. 156 Seiten mit 77 Tafeln. 1950 Bd. 589
II: Ausgeführte Konstruktionsbeispiele. 130 Seiten mit 58 Tafeln. 1950 . . . . Bd. 590

Getriebelehre von *P. Grodzinski.* 2., neubearbeitete Auflage.
I: Geometrische Grundlagen. 159 Seiten mit 142 Figuren. 1953 . . . . Bd. 1061

Gießereitechnik von *H. Jungbluth.*
I: Eisengießerei. 126 Seiten mit 44 Abbildungen. 1951 . . Bd. 1159

Die Dampfkessel und Feuerungen einschließlich Hilfseinrichtungen in Theorie, Konstruktion und Berechnung von *W. Marcard*†. 2. Auflage. Neubearbeitet von *K. Beck.*
I: Die theoretischen Grundlagen. Wärme, Verbrennung, Wärmeübertragung. 150 Seiten mit 42 Abbildungen und 16 Tabellen. 1951 . . . . Bd. 9
II: Dampfkessel. 147 Seiten mit 43 Abbildungen. 1952 . Bd. 521

Dampfturbinen von *C. Zietemann.* 3., verbesserte Auflage
I: In Vorbereitung . . . . Bd. 274

Technische Thermodynamik von *W. Nusselt.*
I: Grundlagen. 3., verbesserte Auflage. 144 Seiten mit 71 Abbildungen. 1950 . . . . Bd. 1084
II: Theorie der Wärmekraftmaschinen. Neudruck. 144 Seiten mit 87 Abbildungen und 32 Zahlentafeln. 1951 . . Bd. 1151

Autogenes Schweißen und Schneiden von *H. Niese.* 5. Auflage. Neubearbeitet von *A. Küchler.* 136 Seiten mit 71 Figuren. 1954 . . . . Bd. 499

Elektrische Schweißverfahren von *H. Niese.* 2. Auflage. Neubearbeitet von *H. Dienst.* 136 Seiten mit 58 Abbildungen. 1955 . . . . Bd. 1020

Hebezeuge von *G. Tafel.*
I: 2., verbesserte Auflage. 276 Seiten mit 230 Figuren. 1954 . . . . Bd 414/414a

Wasserbau

Wasserkraftanlagen von *A. Ludin.*
I: Planung, Grundlagen und Grundzüge. 124 Seiten mit 60 Abbildungen. 1955 . . . . Bd. 665
II: In Vorbereitung . . . . Bd. 666

Verkehrswasserbau von *H. Dehnert.*
I: Entwurfsgrundlagen, Flußregelungen. 103 Seiten mit 52 Textabbildungen. 1950 . . . . Bd. 585
II: Flußkanalisierungen und Schiffahrtskanäle. 94 Seiten mit 60 Textabbildungen. 1950 . . . . Bd. 597
III: Schleusen und Hebewerke. 98 Seiten mit 70 Textabbildungen. 1950 . . . . Bd. 1152

Talsperren von *F. Tölke.* 122 Seiten mit 70 Abbildungen. 1953 Bd. 1044

Wehr- und Stauanlagen von *H. Dehnert.* 134 Seiten mit 90 Abbildungen. 1952 . . . . Bd. 965

Hoch- und Tiefbau

Die wichtigsten Baustoffe des Hoch- und Tiefbaus von *O. Graf.* 4., verbesserte Auflage. 131 Seiten mit 63 Abbildungen. 1953 . . . . Bd. 984

Baustoffverarbeitung und Baustellenprüfung des Betons von *A. Kleinlogel.* 2., neubearbeitete und erweiterte Auflage. 126 Seiten mit 35 Abbildungen. 1951 . . . . . . Bd. 978

Festigkeitslehre von *W. Gehler*† und *W. Herberg.*

I: Elastizität, Plastizität und Festigkeit der Baustoffe und Bauteile. Durchgesehener und erweiterter Neudruck. 159 Seiten mit 18 Bildern. 1952 . . . . Bd. 1144

II: Formänderung, Platten, Stabilität und Bruchhypothesen. Bearb. von W. Herberg und N. Dimitrov. 187 Seiten mit 94 Bildern. 1955 . . . . Bd. 1145/1145a

Grundlagen des Stahlbetonbaus von *A. Troche.* 2., neubearbeitete und erweiterte Auflage. 208 Seiten mit 75 Abbildungen, 17 Bemessungstafeln und 20 Rechenbeispielen. 1953 . . . . Bd. 1073

Fenster, Türen, Tore aus Holz und Metall. Eine Anleitung zu ihrer guten Gestaltung, wirtschaftlichen Bemessung und handwerksgerechten Konstruktion von *W. Wickop.* 4., überarbeitete Auflage. 155 Seiten mit 95 Abbildungen 1955 . . . . Bd. 1092

Heizung und Lüftung von *J. Körting*† und *W. Körting.* 8., neubearbeitete Auflage.

I: Das Wesen und die Berechnung der Heizungs- und Lüftungsanlagen. 140 Seiten mit 29 Abbildungen und 18 Zahlentafeln. 1951 . . . . Bd. 342

II: Die Ausführung der Heizungs- und Lüftungsanlagen. 152 Seiten mit 165 Abbildungen und 7 Zahlentafeln. 1954 . . . . Bd. 343

SAMMLUNG GÖSCHEN / BANDNUMMERNFOLGE

1 Langosch, Der Nibelunge Nôt
3 vom Ende, Maschinenelemente
9 Marcard-Beck, Dampfkessel I
13 Lotze, Geologie
20 Hofstaetter-Spree, Dt. Sprachlehre
29 Brauns-Chudoba, Allg. Mineralogie
30 Eckert-Greifendorff-Kleffner, Kartenkunde
31 Brauns-Chudoba, Spez. Mineralogie
37 Klemm, Anorganische Chemie
38/38a Schlenk, Organ. Chemie
42 Behn, Vorgeschichte Europas
51 Bürklen-Ringleb, Mathematische Formelsammlung
60 Biehle, Stimmkunde
61 Biehle, Redetechnik
66 Berneker-Vasmer, Russische Grammatik
70 Nestle, Griech. Literaturgesch. I
71 Schulze, Allgem. und physikalische Chemie I
76 Döring, Einführ. i. d. theoret. Physik I
77 Döring, Einführ. i. d. theoret. Physik II
79 Hempel, Gotisches Elementarbuch
80 Weigert, Stilkunde I
87 Witting, Differentialrechnung
88 Witting, Integralrechnung
101 v. Wiese, Soziologie
111 Hoffmann-Debrunner, Geschichte der griech. Sprache I
114 Debrunner, Geschichte der griech. Sprache II
117 Brandenstein, Griechische Sprachwissenschaft
125 Vossler, Italienische Literaturgeschichte
128 Lausberg, Roman. Sprachwiss. I
136 Mahler, Physikalische Formelsammlung
141 Geitler, Morphologie der Pflanzen
142 Haack, Darst. Geometrie I
143 Haack, Darst. Geometrie II
145 Weimer, Geschichte der Pädagogik
146 Witting, Repetitorium und Aufgabensammlung zur Differentialrechnung
147 Witting, Repetitorium und Aufgabensammlung zur Integralrechnung
156/156a Landmann, Philosoph. Anthropologie
170 Oehlmann, Musik des 19. Jahrhunderts
173 Bruhns-Ramdohr, Petrographie
180 Böhm, Versicherungsmathematik I
184 Blümcke, Spinnerei und Zwirnerei
200/200a Gottschald, Dt. Rechtschreibungswörterbuch
210 Bruhns-Ramdohr, Kristallographie
220/220a Moser, Allgemeine Musiklehre
221 Jander-Jahr, Maßanalyse I
222 Hassak-Beutel, Warenkunde I
223 Hassak-Beutel, Warenkunde II
226 Hofmann, Geschichte der Mathematik I
228 Vogel, Landw. Tierzucht
230 Krieger, Bad. Geschichte
243 Mahler, Physikal. Aufgabensammlung
247 Hoppe, Analytische Chemie I
248 Hoppe, Analytische Chemie II
250 Lausberg, Roman. Sprachwiss. II
252 Dassler, Elektrochemie I
253 Dassler, Elektrochemie II
256 Haussner, Aufgabensammlung zur analytischen Geometrie der Ebene
257 Humburg, Die Gleichstrommaschine I
264 Lockemann, Geschichte der Chemie I
265/265a Lockemann, Geschichte der Chemie II
270 Kirn, Einführung in die Geschichtswissenschaft
274 Zietemann, Dampfturbinen I
279 Jacob, Quellenkunde der deutschen Geschichte I
280 Jacob, Quellenkunde der deutschen Geschichte II

281 Leisegang, Einführung in die Philosophie
284 Jacob-Weden, Quellenkunde der deutschen Geschichte III
319 Krug, Australien und Ozeanien
329 Scharrer, Agrikulturchemie I
335 Braun-Klug, Fette und Öle
336 Braun-Klug, Seifenfabrikation
342 Körting, Heizung und Lüftung I
343 Körting, Heizung und Lüftung II
344 Moser, Musikästhetik
354 Valentiner, Vektoranalysis
355 Neger-Münch, Nadelhölzer
356 Lüdemann, Fische
375 Preller, Geschichte Englands I
394/394a Schilling, Von der Renaissance bis Kant
414/414a Tafel, Hebezeuge I
422 Gottschald, Dt. Personennamen
423 Adler, Fünfstell. Logarithmen
432 Borchers, Metallkunde I
433 Borchers, Metallkunde II
439 Jaeckel, Würmer
440 Jaeckel, Weichtiere
441 Jaeckel, Stachelhäuter
445 Asmus, Physikal.-chemische Rechenaufgaben
452 Bahrdt-Scheer, Stöchiometrische Aufgabensammlung
468 Werkmeister, Vermessungskunde I
469 Werkmeister, Vermessungskunde II
483 Henglein, Lötrohrprobierkunde
492 Stolz-Debrunner, Geschichte der lateinischen Sprache
499 Niese, Autogen. Schweißen
500 Simmel, Hauptprobleme der Philosophie
521 Marcard-Beck, Dampfkessel und Feuerungen II
536 Lehmann, Kant
538 Rumpf, Archäologie I
539 Rumpf, Archäologie II
557 Nestle, Griechische Literaturgeschichte II
561 Matthes, Werkzeugmaschinen I
562 Matthes, Werkzeugmasch. II
564 Behn, Kultur der Urzeit I
565 Behn, Kultur der Urzeit II
566 Behn, Kultur der Urzeit III
571 Lehmann, Philosophie des 19. Jahrhunderts I
576/576a Moser, Gesangskunst
579 Müller-Schulze, Techn. Tabellen
585 Dehnert, Verkehrswasserbau I
589 Tochtermann, Maschinenzeichnen I
590 Tochtermann, Maschinenzeichnen II
594 Lengerken, Insekten
597 Dehnert, Verkehrswasserbau II
619 Buchwald, Kristalloptik
665 Ludin, Wasserkraftanlagen I
666 Ludin, Wasserkraftanlagen II
668 Knopp, Funktionentheorie I
691 Fauser, Kulturtechn. Bodenverbesserungen I
692 Fauser, Kulturtechn. Bodenverbesserungen II
698 Schulze, Allgemeine und physikalische Chemie II
703 Knopp, Funktionentheorie II
709 Lehmann, Philosophie des 19. Jahrhunderts II
711 Kesselring, Berechnung der Schaltgeräte
718 Neger-Münch, Laubhölzer
763/763a Beer-Meyer, Hebräische Grammatik I
764/764a Beer-Meyer, Hebräische Grammatik II
768 Bieberbach, Einführung in die konforme Abbildung
780 Krahe, Germ. Sprachwiss. II
781 Weigert, Stilkunde II
768 Schulze, Molekülbau
807 Kropp, Erkenntnistheorie I
809 Moser, Harmonielehre I
826 Koch, Philosophie des Mittelalters
827 Schwaiger, Elektromotorische Antriebe
837 Baumgartner, Gruppentheorie
845 Lehmann, Philosophie im ersten Drittel des 20. Jahrhunderts
847 Herter, Lurche
857 Capelle, Griech. Philosophie I
858 Capelle, Griech. Philosoph. II
859 Capelle, Griech. Philosoph. III
862 Werkmeister, Vermessungskunde III
863 Capelle, Griech. Philosoph. IV
877 Knopp, Aufgabensammlung zur Funktionentheorie I

878 Knopp, Aufgabensammlung zur Funktionentheorie II
881 Humburg, Gleichstrommaschine II
902 Müller, Dynamik I
903 Müller, Dynamik II
910 Jaeger, Afrika I
911 Jaeger, Afrika II
917/917a Böhm, Versicherungsmathematik II
920 Hoheisel, Gewöhnliche Differentialgleichungen
929 Schirmer, Dt. Wortkunde
930 Krull, Elementare und klassische Algebra I
931 Hasse, Höhere Algebra I
932 Hasse, Höhere Algebra II
953 Zipperer, Techn. Schwingungslehre I
961/961a Zipperer, Techn. Schwingungslehre II
965 Dehnert, Wehr- u. Stauanlagen
970 Baldus-Löbell, Nichteuklid. Geometrie
972 Herter, Tierphysiologie I
973 Herter, Tierphysiologie II
978 Kleinlogel, Baustoffverarbeitung und Baustellenprüfung des Betons
984 Graf, Die wichtigsten Baustoffe des Hoch- und Tiefbaus
999/999a Kamke, Mengenlehre
1000 Jaspers, Geistige Situation
1002 Jander-Jahr, Maßanalyse II
1003 Hoheisel, Partielle Differentialgleichungen
1008 Mellerowicz, Allgemeine Betriebswirtschaftslehre I
1009 Bechert-Gerthsen, Atomphysik I
1014 Huttenlocher, Mineral- und Erzlagerstättenkunde I
1015/1015a Huttenlocher, Mineral- und Erzlagerstättenkunde II
1021 Niese-Dienst, Elektr. Schweißverfahren
1031 Apel, Philosophisches Wörterbuch
1033 Bechert-Gerthsen, Atomphysik II
1034 Kranefeldt, Therapeutische Psychologie
1039 Dovifat, Zeitungslehre I
1040 Dovifat, Zeitungslehre II
1044 Tölke, Talsperren
1045 Schubert, Technik des Klavierspiels
1051/1051a zu Stolberg-Wernigerode, Gesch. d. Verein. Staaten v. Amerika
1057 Roth, Thermochemie
1059 Hoheisel, Aufgabensammlung zu den gewöhnl. und partiellen Differentialgleichungen
1061 Grodzinski, Getriebelehre I
1065 Haller, Von den Karolingern zu den Staufern
1070 Sauter, Differentialgleichungen der Physik
1078 Troche, Stahlbetonbau
1082 Hasse-Klobe, Aufgabensammlung zur Höheren Algebra
1084 Nusselt, Technische Thermodynamik I
1086 Müller, Dt. Dichten u. Denken
1088 Preller, Geschichte Englands II
1092 Wickop, Fenster, Türen, Tore,
1094 Hernried, System. Modulation
1096 Viëtor, Dt. Dichten u. Denken
1105 Hartung, Dt. Geschichte im Zeitalter der Reformation
1108 de Boor, Mittelhochdeutsches Elementarbuch
1109 Knopp, Elemente der Funktionentheorie
1111 Naumann-Betz, Althochdeutsches Elementarbuch
1113 Strubecker, Differentialgeometrie I
1114 Schubel, Englische Literaturgeschichte I
1115 Ranke, Altnord. Elementarbuch
1116 Meissner, Englische Literaturgeschichte II
1121 Naumann, Dt. Dichten und Denken
1122 Feist, Sprechen und Sprachpflege
1123/1123a Bechert-Gerthsen, Atomphysik III
1124 Meissner, Englische Literaturgeschichte III
1125 Lehnert, Altengl. Elementarbuch

1127 Hartmann, Geschlecht und Geschlechtsbestimmung im Tier- und Pflanzenreich
1128 Buchner, Symbiose der Tiere mit pflanzl. Mikroorganismen
1130 Dibelius, Jesus
1131 Scholz-Schoeneberg Einführung in die Zahlentheorie
1132 Frühauf, Überspannungen und Überspannungsschutz
1134 Kuckuck, Pflanzenzüchtung I
1135 Lehnert, Beowulf
1136 Meissner, Englische Literaturgeschichte IV
1137 Heil, Entwicklungsgeschichte des Tier- und Pflanzenreichs
1138 Hämmerling, Fortpflanzung im Tier- und Pflanzenreich
1140 Unger, Induktionsmaschinen
1141 Koller, Hormone
1142 Meissner-Lehnert, Shakespeare
1144 Gehler, Festigkeitslehre I
1145/1145a Herberg, Festigkeitslehre II
1146 Humburg, Synchrone Maschine
1147 v. Waltershausen, Kunst des Dirigierens
1148 Pepping, Der polyphone Satz I
1151 Nusselt, Technische Thermodynamik II
1152 Dehnert, Verkehrswasserbau III
1153 Mellerowicz, Allgem. Betriebswirtschaftslehre II
1154 Mellerowicz, Allgem. Betriebswirtschaftslehre III
1155 Schwartz, Mikrobiologie I
1156 Meinke, Kompl. Berechnung der Wechselstromschaltungen
1157 Schwartz, Mikrobiologie II
1158 Mayrhofer, Sanskrit-Grammatik
1159 Jungbluth, Gießereitechnik I
1160 Dibelius-Kümmel, Paulus
1161 Kaestner, Spinnentiere
1162 Seidel, Entwicklungsphysiologie der Tiere I
1163 Seidel, Entwicklungsphysiologie der Tiere II
1165/1165a Bechert-Gerthsen, Atomphysik IV
1169 Paulsen, Allgem. Volkswirtschaftslehre I

AUTORENREGISTER

Adler 8
Apel 3
Asmus 10
Bahrdt-Scheer 10
Baldus-Löbell 9
Baumgartner 8
Bechert-Gerthsen 10
Beer-Meyer 7
Behn 4
Berneker-Vasmer 7
Bieberbach 9
Biehle 5
Blümcke 11
Böhm 9
de Boor 6
Borchers 13
Brandenstein 6
Braun-Klug 11
Brauns-Chudoba 12
Bruhns-Ramdohr 12
Buchner 11
Buchwald 12
Bürklen-Ringleb 8
Capelle 3
Dassler 10
Debrunner 6
Dehnert 14,
Dibelius 3
Dibelius-Kümmel 3
Döring 10
Dovifat 7
Eckert-Greifendorff-Kleffner 7
vom Ende 14
Fauser 12
Feist 5
Frühauf 13
Gehler-Herberg 15
Geitler 11
Gottschald 5
Graf 15
Grodzinski 14
Haack 9
Haller 4
Hämmerling 11
Hartmann 11
Hartung 4
Hassak-Beutel 11
Hasse 8
Hasse-Klobe 8
Haußner 9
Heil 11
Hempel 5
Henglein 12
Herberg 15
Hernried 4
Herter 12
Hoffmann-Debrunner 6
Hofmann 8
Hofstaetter-Spree 5
Hoheisel 9
Hoppe 10
Humburg 13
Huttenlocher 12
Jacob 5
Jacob-Weden 5
Jaeckel 12
Jaeger 7
Jander-Jahr 10
Jaspers 3
Jungbluth 14
Kaestner 12
Kamke 9
Kesselring 13
Kirn 4
Kleinlogel 15
Klemm 10
Knopp 8
Koch 3
Körting 15
Koller 11
Krahe 6
Kranefeldt 3
Krieger 5
Kropp 3
Krug 7
Krull 8
Kuckuck 11
Landmann 3
Langosch 5
Lausberg 6
Lehmann 3
Lehnert 6
Leisegang 3
von Lengerken 12
Lockemann 10
Lotze 12
Ludin 14
Lüdemann 12
Mahler 10
Marcard-Beck 14
Matthes 14
Mayrhofer 7
Meinke 13
Meissner 6
Mellerowicz 7
Moser, 4
G. Müller 5
W. Müller 13
Müller-Schulze 13
Naumann 5
Naumann-Betz 6
Neger-Münch 11
Nestle 6
Niese 14
Niese-Dienst 14
Nusselt 14
Oehlmann 4
Paulsen 7
Pepping 4
Preller 5
Ranke 6
Roth 10
Rumpf 4
Sauter 10
Scharrer 12
Schilling 3
Schirmer 5
Schlenk 10
Scholz-Schoeneberg 8
Schubel 6
Schubert 4
Schulze 10
Schwaiger 13
Schwartz 11
Seidel 12
Simmel 3
zu Stolberg-Wernigerode 5
Stolz-Debrunner 6
Strubecker 9
Tafel 14
Tochtermann 14
Tölke 14
Troche 15
Unger 13
Valentiner 9
Viëtor 5
Vogel 12
Vossler 6
von Waltershausen 4
Weigert 4
Weimer 3
Werkmeister 9
Wickop 15
von Wiese 3
Witting 8, 9
Zietemann 14
Zipperer 13

80/55